中等职业教育畜牧兽医类专业教材

生态生猪养殖技术

王定国　王　博 | 主编

SHENGTAI SHENGZHU
YANGZHI JISHU

中国轻工业出版社

图书在版编目（CIP）数据

生态生猪养殖技术 / 王定国，王博主编. —北京：中国轻工业出版社，2022.5

中等职业教育畜牧兽医类专业教材

ISBN 978-7-5184-3901-0

Ⅰ.①生… Ⅱ.①王…②王… Ⅲ.①养猪学—中等专业学校—教材 Ⅳ.①S828

中国版本图书馆CIP数据核字（2022）第037766号

责任编辑：贾　磊　　　责任终审：劳国强
整体设计：锋尚设计　　责任校对：宋绿叶　　责任监印：张　可

出版发行：中国轻工业出版社（北京东长安街6号，邮编：100740）
印　　刷：三河市国英印务有限公司
经　　销：各地新华书店
版　　次：2022年5月第1版第1次印刷
开　　本：787×1092　1/16　印张：13
字　　数：225千字
书　　号：ISBN 978-7-5184-3901-0　定价：32.00元

邮购电话：010-65241695
发行电话：010-85119835　传真：85113293
网　　址：http://www.chlip.com.cn
Email：club@chlip.com.cn

如发现图书残缺请与我社邮购联系调换

210460J3X101ZBW

本书编写人员

主　编　王定国　王　博
副主编　邓　松　罗森中　韩建琼
参　编　姜世华　韩绍华　侯化欣
　　　　姜延志　黄云川　李俐睿
　　　　罗培林　唐华松　邱傲竹
　　　　龚　霞

前言

我国是历史悠久的农业大国，种植业与畜牧业有着重要的地位。养猪业是我国农业中的重要产业，是中国肉食品的主要产品，随着经济的高速发展，我国的养猪业逐渐向现代化、产业化、规模化发展，养殖规模、养殖方式、区域分布等都发生了显著变化。生产规模由过去的小规模、分散化，转变为现在的大规模、集约化，养殖方式也由原来的专业化转变为产业化，分布区域也由东部经济发达地区转移到西部的欠发达地区。

由于我国个别养猪从业人员片面追求经济利益，忽视了猪肉产品的质量，造成多次安全问题，导致消费大大减少。近年来，为了符合国家的安全标准和满足消费者的需要，猪肉的生产正在向质量型靠拢，所以生态生猪养殖发展成为一种必然趋势。本教材编写的目的是使学生通过学习，掌握生态生猪养殖和生产管理所必需的基本知识和技能，并融合特色产业发展，成为适应未来行业发展的专业性人才。本教材适用课程是一门技术性、实践性和实用性很强的特色课程，为学生顶岗实习和后期从事生态生猪养殖和生产管理奠定基础。

在教学方法和手段上，要改革传统的教学方法，合理选用多媒体、课件、标本等教学手段，充分利用专业教室、多媒体教室、实验室及实习场地等教学场所，利用产教结合的培养途径，努力提升教学效果。

本教材采用任务驱动法，将内容分为模块一生态养猪概述，模块二猪的生物学特性、行为学特性与动物福利，模块三生态猪场的建设，模块四猪的饲养管理技术，模块五猪营养需要及生态型饲养技术，模块六常见猪病中兽医防治技术，模块七生态安全猪肉的生产7个模块。其中模块一由王博、邓松编写，模块二由罗森中、韩建琼编写，模块三由王定国、姜延志编写，模块四由王博、姜世华编写，模块五由黄云川、李俐睿编写，模块六由罗培林、唐华松、邱傲竹编写，模块七由龚霞、侯化欣、韩绍华编写。总课时为90课时，其中理论课37课时，实践课47课时，复习测试6课时。

  学生在学习生态生猪养殖技术的基本理论、基础知识和先进养猪技术的同时，再利用实践加深对教材的理解，并掌握相关的操作技能。本教材主要适用于中等职业教育阶段的畜牧兽医类专业的学生，用于了解生态生猪养殖技术。

  由于编者水平有限，书中难免存在错误和不足之处，恳请读者提出宝贵意见。

编者

2022年1月

目 录

模块一　生态养猪概述……………1
　　任务一　生态养猪的概念……………2
　　任务二　生态养猪的形成背景………4
　　任务三　国内外生态养猪发展现状…7
　　小　结……………………………16

模块二　猪的生物学特性、行为学特性与动物福利……………………………18
　　任务一　猪的生物学特性…………18
　　任务二　猪的行为学特性…………24
　　任务三　动物福利…………………28
　　小　结……………………………39

模块三　生态猪场的建设……………41
　　任务一　生态养猪场系统构建的
　　　　　　原理和方法………………41
　　任务二　生态养猪的基本原理和模式…44
　　任务三　典型猪场设计案例………47
　　任务四　垫料床制作工艺与标准…50
　　任务五　猪场粪污处理系统………54
　　小　结……………………………61

模块四　猪的饲养管理技术…………63
　　任务一　种猪的饲养管理技术……63
　　任务二　仔猪及保育猪的
　　　　　　饲养管理技术……………81
　　小　结……………………………89

模块五　猪营养需要及生态型饲养技术……91
　　任务一　猪营养需要………………91
　　任务二　生态型饲养技术…………101
　　任务三　中草药添加剂在饲粮中的
　　　　　　应用………………………105
　　小　结……………………………110

模块六　常见猪病中兽医防治技术…112
　　任务一　常见猪病诊断技术………113
　　任务二　中兽医防治技术…………121
　　小　结……………………………165

模块七　生态安全猪肉的生产……167
　　任务一　猪肉的品质测定……168
　　任务二　肉品屠宰后的变化及
　　　　　　冷却保鲜……179
　　任务三　发展生态安全猪肉的措施…190
　　小　　结……198

参考文献……200

模块一　生态养猪概述

模块目标

1. 掌握生态养猪的概念。
2. 了解生态猪肉的特征。
3. 理解生态养猪的形成背景。
4. 了解国内外生态养猪的发展现状。
5. 生态生猪养殖在生产上的意义。
6. 培养热爱农牧行业，具备追求卓越、精益求精的精神；具备不断学习的能力和习惯，了解本领域的最新动态、新技术、新方法，并能将其应用于实践；培养热爱家乡的情怀，树立振兴当地养殖产业的志向；培养热爱"三农"的情怀，树立服务"三农"的责任感。

养猪业是农业生产中一个重要的生产产业，生态养猪也属于生态农业的范畴。生态养猪的发展，是和生态农业发展的原理一致的，但它具有养猪业的特殊规律。发展生态养猪的基本目的是在养猪生产过程中，人们运用生态学、农业生态学、家畜生态学和养猪学中的原理，使养猪生产按照生物与周围有机和无机环境之间的共生、共长、互争、互存、互促、互补的有机互动与和谐共存关系，以最佳和充分的能、物利用，最经济的投入，组成一个生态养猪的产业，以取得最高的产出，最少的排废，最高的经济效益、环境效益及社会效益，使养猪业按可持续发展的轨道发展。

人类在进化和社会的发展过程中，在很多领域内实际上已运用生态学原理，并取得了较好效益的实践结果和经验，生态生猪养殖作为生物科学、生态学和农业生态学的系统科学理论相结合的学科。并于实践中对农业生态系统工程原理的运用已有几十年的历史，而现代生态养猪的研究时间则较短。因为很多人对此并不十分熟悉和缺乏系统的认识，为了更好地发展生态养猪，以生态学理论来指导养猪生产，我们有必要对生态学、养猪生态学、生态养猪系统工程的原理，有一个理性上的认识。

生态养猪技术是指猪粪尿经有益微生物菌的发酵后，得到充分的分解和转化，达到无臭、无味、无害化，从而达到免冲洗猪栏、零排放，从源头实现环保、无公害养殖目的的养殖技术。同时按照严格的生态养殖，有效利用各种畜禽与水产养殖、农业种植的关系，形成一条良性循环的生物食物链，变废为宝，综合开发，以最少的成本创造最大的效益，最终减少对生态环境的破坏。同时要求猪不做防疫处理，饲料要求无农药残留、无重金属、无无机盐类外的其他添加剂，生猪排泄物做无害化处理，比如沼气发酵等，再作农作物的肥料。在没有污染和人工饲料的情况下对优良猪种的猪仔进行饲养，这样既保证了优良猪种特有的习性与健康，又保证了生态猪肉特有的口感，饲养及装运屠宰都做到基本的动物福利，出厂的猪肉无病变。

任务一　生态养猪的概念

📋 任务目标

知识目标
（1）理解生态养猪的概念。
（2）了解生态养猪概念中的要求和最终目标。
（3）了解生态猪肉的特征。

能力目标
（1）熟悉生态养猪过程中生态学利用原理。

（2）熟悉生态养猪中的科学合理配置和管理的生产要素类型。

任务准备

知识要点

生态养猪技术也称为"自然养猪法"或者"生态养猪法"，是一个跨学科行业。它涉及养猪学、动物营养学、环境卫生学、生物学、农作物栽培学、农机工程学与土壤肥料学等学科。它是以养殖业为主体进行开发、利用，对猪粪进行科学处理，实行农牧结合，做到互相利用、互相促进，低投入，高产出，少污染的良性循环的生态养猪系统工程。

生态养猪技术的目标是高效利用自然资源（水、热、生物、太阳等）、人力、物力等生产要素，通过物质的多次循环利用、增值而获取最大的生物量。其理论和技术基础是在研究猪与生存环境间，在不同层次上的相互关系及其规律的科学与生产实践经验为依据，科学合理配置和管理各生产要素，从而达到符合生态文明，动物生产与生存环境互相改善的生产目的。这里说的不同层次的生存环境是指动物所处地区的温度、湿度、日照、风速和山、水、林、田等大环境，以及猪舍、设备、防寒、防暑、给水、供料、放牧、运动等小环境。

生态养猪是工厂化养猪发展到一定阶段而形成的又一个亮点，是养猪业可持续发展的需要。可持续发展的原则是以人为本，做到人与自然的和谐相处，既满足当代人的需要又不对后代人满足其需要的能力构成危害的发展。生态养猪是一种符合生态文明原则的养猪方法。

通过生态养殖获取的生态猪肉质鲜美，营养丰富，是一种优质野味的肉畜。与家猪相比，生态猪肉质鲜嫩、香味浓郁、瘦肉率高，蛋白质含量高，以粗蛋白为主，热量高，脂肪含量低（仅为家猪的50%），特别是生态猪肉以瘦肉为主，胆固醇含量比家猪低29%，并含有多种微量元素和17种氨基酸，人体所需的亚油酸含量高于家猪2.5倍，符合现代食品营养的需要，是优质的保健肉、美容肉。生态猪肉香味浓郁，营养成分齐全，有强体、滋补作用。生态猪保持了原有的外观体型和抗病力强、耐粗饲、合群性强的特性，饲养过程也避免了人工饲料中含有的添加剂、催长剂等的危害，无激素，无药物，是"菜篮子"中的"放心肉"和"绿色肉食"，因而备受人们青睐。

任务二　生态养猪的形成背景

任务目标

知识目标
（1）了解我国目前生猪的存栏和出口。
（2）了解发展生态养猪模式的必要性背景。

能力目标
（1）熟悉我国目前生猪养殖概况。
（2）熟悉促进我国发展生态生猪养殖的条件因素。

任务准备

知识要点

我国是世界第四大猪肉生产国，据相关资料显示，2021年年末我国生猪存栏量为44922万头，猪肉产量达5296万t。但猪肉人均产量只有4.3kg，低于世界人均9.8kg的水平。在国际贸易中，我国鲜冻猪肉出口比重小，仅占世界贸易量的1%左右，猪肉出口被发达国家所垄断，我国在出口方面一直处于弱势。因此与发达国家相比，我国的猪肉业还处于初级阶段水平，特别是在生产水平、疾病控制、肉产品安全方面以及高效牧场管理方面还存在很大的差距，成为猪肉业发展以及打入国际市场的瓶颈因素。

根据《中国农业展望报告（2020—2029）》预计，2025年我国猪肉消费量达5853万t，2029年将达6077万t，猪肉消费市场前景十分广阔。

新时期社会主义新农村建设要求把畜牧业建设成为环境良好、以人为本、自然社会资源合理利用、各产业和谐发展的可持续新型产业，我们必须从产业与社会等各方面综合考虑适度规模养猪的发展模式和管理方法，因此下列问题阐述了发展生态养猪模式的必要性背景。

1. 规模化养猪模式带来严重的环境污染

有资料显示，近年我国每年至少有1000万农村人口转为城镇人口，生猪出栏每年减少约200万头。而新增猪肉消费估计约有60万t，约935万头，从而每年1000万的新增城镇人口导致生猪供给缺口扩大1135万头，这由新（扩）建大型养殖场或增加适度规模养殖场户来填补。如此庞大的数字还是建立在占出栏总量60%~70%的适度规模养殖平稳发展的基础上的，如果适度规模养殖本身出现问题，则整个养猪业就会出现危机，严重妨碍产业的发展。这也许就是2006年暴发"猪高致病性蓝耳病"后部分地区农村养猪业全面崩溃，当年猪价创近20年新高的原因之一。再就是以家庭为单位的适度规模养猪在解决农村剩余劳动力、充分利用农村丰富的农副产品资源、增加农民收入等方面具有不可替代的效果。

随着畜牧业的飞速发展，生产的规模化、集约化已成为当前国内外发展养猪生产的主要趋势。但伴随而来的环境污染问题也日益突出。一个年产万头规模的养猪场，年排污量至少在73000t，如果不加以处理任意堆弃和排放，势必对大气、土壤、水环境和作物造成严重的污染，成为畜禽传染病、寄生虫病和人畜共患病的传染源。养猪的粪污公害已经成为妨碍集约化、规模化、工厂化养猪发展的重要因素之一，由于与种植业分离，城镇周围发展起来的规模化猪场，其粪污易对河流、地下水源、土壤、空气造成污染，严重威胁人们的生活环境。生态养猪是一种符合生态文明原则的养猪方法，更是养猪业可持续发展的需要。

2. 生态养猪是减少疫病发生的需要

目前我国养猪业已逐步由传统的一家一户分散型饲养向专业化、企业化、商品化、集约化、规模化饲养转变，疾病防治和研究水平不断提高，给广大养殖户带来了极大的经济效益，也带动和促进了养猪科学的进步。但在生产实践中，疫病问题仍十分突出，是困扰养猪业的重要因素。疫病也越来越复杂，对我国养猪生产的危害日益加重，老病如猪瘟继续肆虐，新病如蓝耳病、圆环病毒二型感染不断发生。因此，有效控制疫病，保障养猪业的健康发展成为业内人士所面临的艰巨任务。

从中国工厂化养猪的历程来看，由于猪场生产规模大、引种多、饲养密集、环境管理难度大，随着饲养总量的增加，畜禽群体越来越大，所以易感动物的增多容易造成疫病传播、流行。此外饲养方式的改变导致畜禽高度密集，构成疫病传播的有利条件。如笼养母猪，使饲养面积由过去栏养母猪10m²/只压缩到不足2m²/只，同等面积栏舍的饲养数量增加了几倍。虽然管理效率提高，但疫病传染的机会同样加大，导致猪病严重，特别是猪的呼吸道疾病更加严重，而造成这种局面的根源则是经营者片面追求经济效益，生态效益意识淡薄，无视动物福利和环境卫生管理所造成的。生态养猪是工厂化养猪发展到一定阶段而形成的又一个亮点，并且能够维持一个持续发展的系统所追求的综合效益。这更说明了实行生态养猪的重要性和紧迫性。

3. 生态养猪是为社会提供无污染、高品质绿色猪肉的需要

目前，随着社会发展、人民生活水平的不断提高，消费者对肉类食品的需求量将会越来越大。在我们这个传统上以猪肉为主的肉食品结构中，猪肉消费总量日益增加，消费结构不断改善，安全、生态、绿色优质瘦肉型猪肉的销售将日益呈现更大的市场空间，我国优质猪肉生产和整个养猪业将迎来全面发展的黄金时期。养猪业已到了由数量扩张型向质量效益型转变的关键时期，大力开发和推广真正意义上的优质良种猪，提高生猪品种质量，实施品牌战略，增强市场竞争力，将是我国商品猪生产发展的必然趋势。建立生态养猪场，将强调生物链的建立，废弃资源循环利用，以环境、产品安全为目标，采取统一规划、统一防疫、统一标准、统一治污、统一管理，全面实现标准化管理、生态化养殖、产业化经营、企业化运作、市场化发展模式，向社会提供安全、优质、绿色畜禽产品，保障人民群众肉食安全。生态养猪符合社会经济发展趋势、国内政策导向和市场需求，生态养猪具有经济效益和显著的社会效益。

近年来，我国农产品出口屡屡受挫，主要原因在于疫病和药残。抗生素的滥用使各种病原微生物的抗药性不断增强，人畜共患病暴发概率加大，对城乡居民

生命健康安全构成严重威胁，畜产品质量安全倍受关注，人们希望获得无污染、安全、优质的猪肉。另外，我国人口众多，土地资源有限，水资源严重匮乏。人均400kg粮食仅仅是小康水平的下限，人均水资源量不足2400m^3，仅为世界人均占水量的1/4，被列为全球13个人均水资源贫乏国家之一。我们没有可能用更多的粮食、水资源去转化为肉类食品，不能盲目追随西方模式发展耗能型养猪业。因此很有必要提倡发展节能增效的生态养猪业，创造绿色生态猪肉。

生态猪肉是现代养猪生产中最高层次的绿色食品。绿色食品是一类真正的无污染、纯天然、高质量的健康食品。它完全不用人工合成的农药、肥料、除草剂、生长调节剂、兽药、化学合成的饲料添加剂和基因工程材料。生态养猪的最高境界就是：饲料种植采用有机肥料，不用除草剂，防治猪病用中草药或微生态制剂，不用人工合成的兽药或饲料添加剂，以实现生态猪肉生产。

因此，生态养猪项目具有十分广阔的市场前景。

任务三　国内外生态养猪发展现状

任务目标

知识目标

（1）了解我国养猪业发展阶段。
（2）了解我国生态养猪发展现状、发展方向。
（3）掌握生态生猪养殖在生产上的意义。

能力目标

（1）能熟悉我国阶段性养猪的特点。
（2）能够掌握发展生态养猪的意义。

任务准备

（一）知识要点

我国养猪业的发展历程分为以下三个阶段：

第一阶段从1949年到20世纪70年代末，是我国养猪业发展的恢复时期，养猪生产是农民的一种家庭副业，目的是积肥与肉食品自给，养猪业的主体形式是千家万户的分散型养猪。第二阶段从20世纪70年代末到90年代初，是我国养猪业发展的快速时期，养猪生产已开始由传统分散型向现代集约型转变，规模化养猪已成为发展趋势，但传统养猪仍占较大比例。第三阶段从20世纪90年代至21世纪初，是我国养猪集约化、现代化、标准化发展的重要时期。随着农业产业结构的调整，养猪业已成为我国农牧业的一项支柱产业。

我国生态养猪的发展历史悠久。猪从被驯养作为家畜以后的7000多年以来，已经发展为一种甚为完善的小型生态养猪业，因地制宜以农、牧、渔、果、林、蚕桑综合发展。

近年来，我国养猪业发展迅速，不少地方在发展养猪业的同时，探索了不少类型的生态养猪模式。例如，深圳市某有限公司的"种猪—生产猪—沼气—果—渔—林—肉类加工—市场"的完整生态养猪企产业链，是一个比较成功的范例。在江西省赣州地区，发展果、猪、沼以及玉山县猪、渔、沼的生态农业的模式也是一种近代生态农业的模式。目前，在我国新农村建设中，大力推广沼气发酵利用，有效解决了养猪带来的环境问题。

1. 国内生态养猪发展现状

20世纪70年代末发达国家提出了生态农业，其目的是实现经济发展与生态环境保护的兼容，人和自然和谐共处的可持续发展的目标。我国从1978年实行改革开放政策开始，规模养猪的发展带动了生态养猪模式。

（1）我国生态养猪的现状

① 我国传统养猪生态的特点：传统养猪是以农户散养为主，以积肥为主要目的，饲养的母猪多为本地的土种猪，公猪多为约克夏猪或长白猪及其他杂种。一般每户饲养2～4头，饲料主要是农副产品、剩饭剩菜，多为熟喂，小猪

日喂4餐，大猪日喂2餐。也有放牧野地、山林和收割后的花生、玉米、白薯、高粱等田地，采食青草、野果和昆虫的，很少使用混合饲料。多在屋前屋后设1~2个猪栏，我国南方多挖化粪池收集粪尿，北方多用作物秸秆和杂草作猪栏的垫草，吸收粪尿。母猪一年产仔两胎，不在寒冬分娩，仔猪60d断奶。母猪利用时间长，产仔12胎很常见。由于同一个栏猪数不多，猪相互间接触机会少，采食青绿饲料又有活动空间，管理虽然粗放，饲养期较长，但猪适应性强，患病率低，含有中国猪血统的猪，对粗纤维利用能力强，肉味香浓，口感好。这种生产方式对于农村生产的农副产品和猪的粪尿得以利用，农民的收入也能提高。

② 我国规模化养猪生态的特点：20世纪70年代末，我国10个省、市、自治区都有供香港活猪的猪场，由于香港对肉猪的瘦肉含量要求高，每出口90kg的肉猪比内销的多赚300元，因此这些猪场都向瘦肉型方向发展。土种母猪与外种猪（主要是长白和大白）杂交达到四代，甚至全部饲养外种猪（主要是杜大长），这一选种动态影响到全国的规模化养殖猪场。饲养技术也有大的改革，这些猪场都采用混合饲料，猪场附设有饲料加工车间、粉碎机和搅拌机。猪场的周边空地多种植青饲料，化粪池由原来的三级改造为沼气池，沼气多为厨房使用，规模大的猪场，沼气用于发电，供机械加工饲料用。由于土地的限制，多数猪场都无法实行农牧结合，猪场无耕地的，猪粪经过自然发酵或干湿分离后出售。

③ 我国工厂化猪场生态的特点：20世纪80年代初，广东某畜牧场和某养猪公司投产，我国养猪业从此进入工厂化养猪年代。工厂化养猪第一个特点是种公母猪舍、分娩猪舍和保育舍是分隔的封闭式建筑。深圳地处亚热带地区，封闭式猪舍采用引进适合温带气候的设备，由于深圳夏季高温时间长，因此耗电量大，降温效果差。据统计，每生产1头商品猪耗电29kW/h，而舍内外的温差只有3~5℃。从经营效益考虑，上述2个猪场几年后都把封闭式猪舍改为半开放式猪舍。万头猪场每天排出粪便约20t，日排污水50~100m²，猪粪经干湿分离后排放贮粪池。沼气发酵产生的沼气多用于发电，由于污水量大，常对周边环境造成污染。深圳这2个猪场开创了全国工厂化养猪的先河。

工厂化养猪的品种多为杜洛克、长白、大白猪，饲料为玉米+豆粕+添加剂，采用自由采食，不喂青饲料，不放牧运动，怀孕母猪和哺乳母猪限位饲养，从国外引进的养猪设备，温度、湿度、通风均自动调节，猪舍的空气甚至实行过滤，以防猪感染疾病。因此猪舍造价高，高能耗，由于密集限位饲养，限制了猪的自由活动，仔猪提早到21d或更早断奶，饲养方式使猪丧失杂食动物的天性，引致猪的体质下降，猪的应激反应引致疾病增加，猪肉质量下降。这种养猪方式虽然节省建筑面积，饲养量大，肉猪生长快，饲料报酬高，但种猪利用年限短，母猪生产6胎左右就要淘汰，而且发病概率高。全盘西化的工厂化养猪方式，由于投资高，耗粮、耗能多而不适合在我国农村全面推广。针对工厂化猪场存在的缺点，广东某集团公司从2016年开始改善生产流程，采用"全密封钢结构猪舍+全自动喂养系统+定位栏配套自动送料系统+刮粪系统"模式，提高了土地利用率和劳动效率，又节约了用水。目前，温氏食品公司已建成投产种猪场217个，人均饲养基础母猪由50头提高到200头，人均单批饲养肉猪从400头增加到2000头。生态养猪生产的是无污染、纯天然、高质量的绿色食品。生态养猪继承了传统养猪农牧结合的优点，比规模猪场增加了产品的种类和数量，比工厂化猪场节粮、节能，从而引起养猪界朋友的重视。

（2）生态养猪的发展方向　为了提高猪群的健康水平，生产营养安全的猪肉，保护猪场及周边环境不受污染，节约粮食，降低猪场的生产成本，增加养猪收入，下列提出生态养猪发展的措施。

① 大型猪场向东北地区发展：猪场向我国盛产玉米、大豆具有资源与环境优越的东北地区发展。在玉米饲料产区建猪场，可以大大降低生产成本，猪场粪尿是个宝，将会促进当地玉米、大豆丰收。在美国爱荷华州、密歇根州、伊利诺伊州、俄亥俄州等玉米生产带，也是主要的养猪生产基地，其中爱荷华州占全美国毛猪生产量的1/4。我国的吉林省等地的玉米带预计也将会发展成为重要的生猪生产基地。

吉林省土地面积广阔，人口较少，征地容易解决。2012年吉林省的玉米产量是293亿kg，据估算，吉林目前用玉米作饲料可支撑1000万头生猪的发展空间，目前已引起大型猪场的重视。新加坡根据2008年10月与中国签订的《中华人民共和国政府和新加坡共和国政府自由贸易协定》，派出各级考察组近20次对我国进行实地考察和论证，最终将生猪养殖基地定于吉林省永吉县岔路河特色农业园区，2010年已启动100万头生猪养殖加工项目。"吉林养猪，新加坡卖肉"成为佳话。黑龙江省也是我国玉米、大豆的主产区，平原广阔，森林茂密，林下资源丰富，发展生猪产业具有得天独厚的优势。近年，林养互作的放养模式逐渐成形，民猪和巴克夏猪杂交后代是首选的林下放养猪品种，当地俗称"森林猪"，采取放牧与舍饲结合的饲养方式，肉猪到肥育期才采用林下放养。这种林养互作的模式，使资源得到合理利用，提高了产品的经济效益。在饲料生产基地办猪场，对猪场老板、饲料供应商和消费者三方都是赢家。

② 规模猪场向荒地发展：利用林场、荒山、荒坡和未利用的草原建猪场进行生态规模养殖，是对在农田圈养传统模式的突破和创新。英国养猪业既有放养，也有舍饲，近年来放养的方式深受欢迎，所占的比例越来越大，草场实行划区轮牧，用石、木柱、铁丝、金属柱和种植灌木作围栏分隔。俄罗斯牧场可分长期牧场和临时牧场，长期牧场种植优质牧草，可以从春天利用到秋天。临时牧场是在收获了的谷物、土豆、甜菜和蔬菜后的土地上进行。猪舍距离牧场近，不能太远。在养殖业不能占用基本农田的情况下，在荒山、荒坡和林场中建猪场看准了土地价格便宜、租用年限长等优点，这是发展生态养猪的有利条件。

③ 在农村推广家庭养猪场：在农村推广家庭养猪场的模式，走农牧结合、土地资源合理利用的可持续发展道路。日本的生态养猪模式除猪圈外，还需要另外占用土地消纳污染物和建设沼气池。以养100头生猪为例，需另外占用1亩（1亩≈666.7m^2）鱼塘或5亩耕地或10亩山坡地消纳污染物，以保护环境不受污染。丹麦的法律规定，农场主的牲畜总数必须和它拥有或租来的土地形成一定的关系，要养猪先要有生产饲料的土地，有土地才能养猪，养猪场要有与生产规模相配套的粪便污水储蓄池，猪粪全部储藏在池内，经自然发酵后，根据农作物生长的需要，再全部还田。实行农牧结合，既保护了环境，又促进了生态农业的发展。

④ 生态养猪对猪种特性有一定要求：一方水土养一方猪，生态养猪的环境条件和工厂化养猪有很多不同。工厂化养猪采用"玉米+豆粕+添加剂"的饲养

方式，而生态养猪采用"精料+青料+农副产品"的饲养方式。工厂化养猪采用猪栏限位饲养，限制猪运动，而生态养猪则设运动场放猪运动甚至实行放牧；工厂化养猪的猪舍实行自动调节温度和通风，甚至实行空气过滤，而生态养猪除产房和保育舍要保温外，它们的生活环境与自然环境相似。因此生态养猪饲养的猪种必须与上述的条件相适应，若用引进的外种猪在与原产地不同的环境下饲养，就容易出现应激反应、减食、消瘦和发病。实践表明，在生态饲养的环境下，饲养中西杂交种猪效果最好，若当地精料充足，外种猪的血统可以高些；若实行放养，含中国猪血统高的适应性好，抗病力强，对粗纤维利用能力高，能抗寒（民猪等）抗酷暑（华南型猪）。中西杂交种猪虽不如外种猪生长快，瘦肉率高，但它的肉质风味好，肌间脂肪含量高，种猪繁殖力高，肥育猪的精品肉可以售高价。近年，土种黑猪已在我国城市中推广。生态养猪实行"土洋结合"是符合我国节粮型农业的根本措施。

⑤ 使用绿色的饲料添加剂：利用高效、营养、安全、无毒副作用的绿色饲料添加剂代替抗生素和激素等产品，生产安全优质的猪肉。抗生素虽有抗病促生长的作用，但长期使用会产生不良的影响，导致生猪对大肠杆菌、沙门氏杆菌等细菌产生耐药性，造成畜禽机体免疫力下降，使这些疾病有上升趋势，甚至引致猪对疫苗的接种失去效力或要加倍使用量。若食用这些猪肉，还会导致人体因接触大量耐药菌，失去对某些疾病的抵抗力，因此，欧盟、美国已对抗生素使用下达禁令。生态养猪常使用的绿色饲料添加剂，矿物质有碳酸钙（即石灰石）、磷酸氢钙、硫酸亚铁、硫酸铜、氯化钴、硫酸锌、硫酸锰、碘化钾和亚硒酸钠等，酶制剂和酸化剂对于改善仔猪消化吸收、降低腹泻发病率、提高生长速度都有好处。近年来，我国一些猪场试图通过我国独特的中草药添加剂来取代抗生素。比较常用的中草药添加剂有松针粉及由松树原料中提取的有效成分"前花青素"干粉。用松针粉喂肥育猪，日粮中添加3%～5%，平均日增重提高15%～30%，瘦肉率增加，猪肉品质改善，猪抗病力明显提高，猪毛色光亮，皮肤红润，体质强壮，有关这方面研究的国内外科技文献就有40多篇。前花青素营养学上分类为黄酮类化合物。福建和广东的两个猪场使用上海某公司生产的前花青素和抗生素药物（北里霉素）对杜大斯和杜大长猪作对比试验发现，使用前花青素的猪

种日增重提高，料重比降低，经济效益提高。屠呦呦因发现治疗疟疾的新药青蒿素获2015年诺贝尔生理学或医学奖，给我国畜牧业发展中草药饲料添加剂指明了发展方向，中草药饲料添加剂的饲用价值将会越来越引起畜牧界的重视和推广。

2. 国外生态养猪发展现状

目前，生态养猪已受到越来越多的重视，国外有不少各种类型的生态类型的农场。

在欧美国家，生态农场的建设都走向社会化，一种比较普遍的模式是农牧结合，畜牧业所产的粪肥都作为农场的肥料而被消耗掉，农场生产的粮食一部分作为饲料，一部分作为商品，农场内宜林则林，宜果则果。产品一般都通过协会或者合作社形成组织统一加工出售，然后各农场按比例分成。农牧业生产一般都采用现代技术。欧美国家农村人口比例要比我国少得多，农场以家庭经营为主，养猪的规模不太大，一般不超过千头，农区的生态环境保护得比较好。

菲律宾的生态农业发展比较好。菲律宾玛雅农场是一个典型代表。该农场以自产的麦麸养猪为主，并以沼气生产为纽带，形成了农、林、牧、渔、副综合发展的联合企业。农场通过有效利用有机废物，不仅实现了农业多样化，也实现了畜牧业多样化，畜粪进行沼气发酵产生沼气作为能源，取得了生态、经济、社会三方面效益全面丰收的效果。

3. 生态生猪养殖在生产上的重要意义

（1）提高猪肉品质　在传统生猪养殖的过程中，往往会在饲料中加入过量的抗生素和富含金属元素的药物，这些物质的添加将会严重影响猪肉的品质，威胁着消费者的食品安全。传统生猪养殖模式普遍过于追求生猪的生长速度，而忽略了猪肉的味道和色泽。利用生态生猪养殖技术，可以有效避免传统养殖模式下猪肉中有害物质的残留，有利于提升猪肉的品质。

（2）保障环境效益　我国每年由养殖场产生的垃圾数量非常巨大，动物粪便、污染物如果得不到及时处理，将会对当地的环境造成严重污染。近年来随着科学技术的发展，生猪养殖技术也得到了一定程度的发展，目前很多新能源被引入其中，例如沼气池的建立不仅解决了农村污染问题，而且实现了能源与资源的合理利用。

（3）适应经济发展需求　随着农村经济的发展，生态生猪养殖目前成为农民致富的重要方式之一。我国很多地区开始实行大规模的生态生猪养殖，利用先进的养殖技术，不仅使猪肉的品质得到了提高，同时也大大增加了农户的经济收入，同时养殖企业在整个市场中的竞争力也得到了提升。

（二）工具与材料
（1）当地养殖现状的调查。
（2）准备好调查表格。

训练任务

（一）任务安排

分组：以学习小组进行生猪养殖现状的调查。包括养殖模式、养殖规模、销售渠道及向生态生猪养殖方向的发展意愿等。

（二）任务要求

在调查过程中必须了解真实情况。

思考与练习

国内生态生猪养殖模式与国外生态生猪养殖模式的区别有哪些？

考核评价

国内生态养猪发展现况学习和实操任务考核评价内容和评分标准见表1-1（以小组为单位考核）。

表1-1 国内生态养猪发展现况学习和实操任务考核评价表

考核项目	内容	分值	得分
技能操作（50）	了解当地猪养殖产业现状及意义	10	
	掌握当地猪养殖的概念和未来发展生态生猪养殖的发展意愿	40	
学习成效（25）	拓展作业	5	
	实习小结	5	
	调查记录表	5	
	实习总结	5	
	小组总结	5	
思想素质（25）	安全规范生产	5	
	纪律出勤	5	
	情感态度	5	
	团结协作	5	
	创新思维（主动发现问题、解决问题）	5	
合计		100	
评价人员签字	1. 任课教师： 2. 实习指导教师： 3. 专业带头人： 4. 园区（企业或行业）技术员：		

备注：前往猪场前须进行全方位消毒，如不按规定消毒，视情节和态度扣除个人成绩20～40分，小组成员同时扣除安全规范生产及团结协作成绩。

小　结

一、知识框架

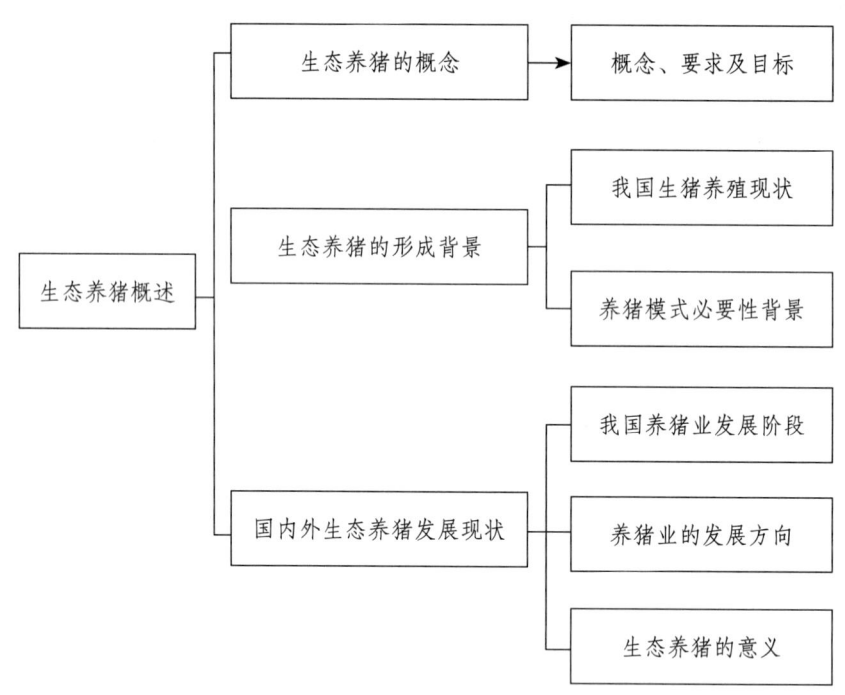

二、综合测试

（一）名词解释

生态养猪技术、传统生态养猪。

（二）填空题

1. 生态养猪技术也称为_____或者_____，是一个跨学科行业。

2. 通过生态养殖获取的生态猪_____，_____，是一种优质野味的肉畜。

3. 我国是世界第四大猪肉生产国，据相关资料了解，我国目前生猪存栏头数为_____头，猪肉产量达_____t。

4．随着畜牧业的飞速发展，生产的_____、_____已成为当前国内外发展养猪生产的主要趋势。

5．近年来，我国农产品出口屡屡受挫，主要原因在于_____和_____。

6．我国养猪业发展的第二阶段是从_____到_____。

（三）简述题

1．简述发展生态养猪模式的必要性背景。

2．简述我国生态养猪的发展现状。

3．简述生态养猪的发展方向。

模块二　猪的生物学特性、行为学特性与动物福利

模块目标

1. 掌握猪的繁殖力、生长强度及新陈代谢、听觉、嗅觉、视觉、群居性等生物学特性。
2. 掌握猪的模仿性、喜好清洁、拱地性、采食行为等行为学特性。
3. 理解福利养猪的原理、意义及内容。
4. 培养热爱生猪养殖过程，树立热爱"三农"的情怀和服务"三农"的责任感，树立振兴当地生猪养殖产业的志向。

任务一　猪的生物学特性

📋 任务目标

知识目标

掌握猪的繁殖力、生长强度及新陈代谢、听觉、嗅觉、视觉、群居性等生物学特性。

能力目标

能通过掌握猪的生物学特性，合理制订饲养管理程序。

任务准备

（一）知识要点

猪是一种对人类社会发展起了巨大作用的家养经济动物，它是由欧洲野猪和亚洲野猪进化而来的。在人类的直接干预和自然的作用下，以及漫长的进化过程中，猪形成了自己的有别于其他家畜的生物学特性和行为特征。这些特性有些取决于先天的遗传，有些取决于后天的训练和调教，有一定的规律性，因此，不同品种、不同地区有所不同。我们要不断地认识和掌握猪的生物学特性，以便合理制订饲养管理程序，充分地利用或改变饲养条件，增加生产效益。

1. 猪的生物学特性

（1）**繁殖力** 猪的繁殖力强主要表现在公猪的产精量大，母猪的性成熟早、妊娠期短、排卵多，以及猪的世代间隔短等诸多方面。

① 公猪的产精量大：公猪的繁殖力强表现在一次的射精量大，为150～400mL，多的达到500mL，精子的密度为0.2亿/mL。

② 母猪的性成熟早：猪第一次排出生殖细胞的阶段称为性成熟。母猪性成熟后有发情表现，公猪性成熟后有爬跨母猪的行为和能力。我国的本地品种猪一般在2～3月龄就可以达到性成熟，如梅山猪的性成熟期为75d左右。我国的新培育品种猪一般在3～4月龄达到性成熟，而引入品种猪一般在5～6月龄达到性成熟。生产上的配种日期一般安排在母猪达到性成熟后的第三个发情期。

③ 母猪的妊娠期短：猪是常年均可以发情配种的经济动物，它的发情很少受季节的限制。猪的妊娠期平均为114d，范围是111～117d。由于妊娠期比其他家畜短，所以猪的繁殖周期短，母猪一般可以达到一年两胎以上。

④ 母猪排卵多：猪为多胎动物，每次母猪发情时，都要从卵巢中排放20～30枚卵，每次发情配种都能产8～12头仔猪，最终能提供7～10头成活仔猪。如果采用特殊的处理，母猪的排卵数还可增加，其产仔数也相应增加。

⑤ 猪的世代间隔短：由于猪的繁殖周期短，所以它的世代间隔短。正常情况下猪的世代间隔为1.5年，如果从第一胎留种，则世代间隔可以缩短到1年，即

一年一世代。现代培育的瘦肉型品种猪同样具有多产性，但是其性成熟较晚，体成熟则更晚，脂肪沉积也少得多。

（2）生长强度与新陈代谢　由于母猪的妊娠期短，平均只有114d，可以说猪是在一个发育不完全的情况下出生的，为了弥补先天的不足，猪必须增大生长强度；猪的生长期短，为增强自身的竞争力，也必须增大生长强度（表2-1）。

表2-1　各种家畜的生长强度比较

家畜种类	妊娠期/d	生长期/月	初生体重/kg	成年体重/kg	到成年时体重增加倍数
猪	114	36	1	200	7.64
羊	150	24~56	3	60	4.32
牛	280	48~60	35	500	3.84
马	340	60	50	500	3.44

由于猪的生长强度大，使猪的代谢旺盛。猪的初生体重很小，不足成年体重的1%。在1月龄时，仔猪的体重可达初生体重的5~6倍；2月龄时，仔猪的体重可达初生体重的10~13倍；在饲养条件良好的情况下，猪在6月龄左右体重可达90kg。

（3）猪的听觉、嗅觉和视觉　猪的听觉非常发达。猪在很短的时间内就可以对周围环境的各种声音形成牢固的听觉反射。在生产中我们常发现，猪在没有见到人影、没有闻到气味时，只凭听觉对不同人的说话声、走路时鞋底与地面的摩擦声等就可以做出不同的反应。当饲养员进入猪舍的时候，猪表现为安静不动或涌到食槽前积极争食。当陌生人员进入猪舍时，猪群往往表现为惊慌不安，盲目地奔跑，惊恐地鸣叫，甚至在圈舍的一个角落里拥挤上垛。因此，猪舍特别是产房，一般不允许无关人员进入。

猪的嗅觉非常灵敏。在出生后几小时仔猪就可以对周围环境以及母体的气味形成比较牢固的条件反射。平时，仔猪辨认母猪、辨认同胞、寻找乳源主要依靠嗅觉。母猪辨认仔猪、辨认饲料、寻找食物也主要依靠嗅觉。在养猪生产中我们常常发现，由于母仔不同窝，母猪往往拒绝给仔猪哺乳，甚至将仔猪咬伤或咬死，这些都是由于猪嗅觉灵敏。

猪的视觉不灵敏，对光的反应相当迟钝，只是对光的强弱有反应，而对光的颜色变化则反应不大。强光能使猪兴奋，弱光能使猪安静。

（4）群居性　猪的群居性是指猪群居时猪体之间发生的各种交互作用。猪从它们的祖先野猪那里继承了群居性的习性，在一定的条件下，它们可以成群结队地一起过着相当平稳的群居生活。一般认为在猪群体中保持相对平稳状态的先决条件是各个猪在群体中有一个相应的位次关系，而这个位次关系的形成和保持是由猪的争斗力强弱决定的。

猪的争斗行为常常发生在两头或两群猪之间，一般是为了争夺优先采食权和地盘。猪在重新组群的初期，多多少少要发生争斗现象，而且猪群的数量越多，密度越大，其争斗行为越明显，特别是在成年猪之间的争斗会更加激烈甚至会带来猪的伤亡。一般来说，体重大的、体质强的猪其争斗能力大于体重小的、体质弱的猪。饲养员的任务不是消极地取消猪的争斗行为，而是要积极地减少或化解猪之间过多的不必要的争斗。

猪群居性的保留有利于我们的饲养管理，特别是放牧管理。同时，猪的群居性还可以提高猪舍的利用率，减少饲养成本。并且猪的群居性还有利于提高猪的食欲，从而提高饲料的消化率和利用率。

（5）猪的食性　猪的门齿、犬齿和臼齿都很发达，猪的胃是介于肉食动物的单胃和反刍当动物复胃之间的中间类型胃。猪的食性很广，为杂食性。因此，猪能广泛地食用各种动植物和矿物质饲料，能够充分地食用各种农副产品、废渣、鸡粪及牛粪，能够有效食用残羹剩饭。猪喜欢吃带有甜味的食物或带有乳香味的食物。

猪既没有反刍动物那样的复胃结构，也没有草食家畜那样发达的盲肠，其对粗纤维的消化主要是靠大肠内微生物的分解作用，因此，猪对粗纤维的消化能力有限。当日粮中粗纤维的含量超过7%时，就会对引入品种或新培育品种的生产性能产生较大影响；当日粮中粗纤维的含量超过10%时，就会对地方品种的生产性能产生较大影响。所以在给猪配日粮时，要特别注意粗纤维的含量。

（6）猪的多相睡眠性　猪是多相睡眠动物，一天之内活动和睡眠几次交替。一般的规律是白天比夜晚活动的时间长，温暖的季节（夏天）比寒冷的季节（冬季）活动时间长。猪昼夜活动因年龄及生产特性不同有差异，仔猪昼夜休息占用的时间平均为60%～70%，种猪为70%，母猪为80%～85%，育肥猪为75%～85%。

（7）猪对温度要求的两重性　仔猪，尤其是初生仔猪，对环境温度的要求比较高；大猪，尤其是100kg以上的猪，对环境温度的要求比较低，这是猪对温度要求的两重性。仔猪的皮薄，毛稀，皮下脂肪少，相对体表面积大，散热多，加之初生时神经系统不完善，体温调节功能不全，致使其怕冷，怕潮湿。大猪或肥猪由于其皮下脂肪厚，汗腺不发达，以及相对体表面积小，散热少而怕热。因此，为了保证猪处于一个有利的环境，必须因猪的大小不同、生理阶段不同而给予不同的环境温度。

肉猪的临界温度计算公式：

$$T=19.5-0.065m \qquad (2-1)$$

式中　T——临界温度，℃

　　　m——猪的体重，kg

（二）工具与材料

养猪场生猪。

训练任务

（一）任务安排

分组：以学习小组进行猪的生物学特性的观察。

（二）任务要求

在观察过程中须详细记录猪群居性、食性及多眠性。

思考与练习

猪的生物学特性有哪些？

考核评价

猪的生物学特性学习和实操任务考核评价内容和评分标准见表2-2（以小组为单位考核）。

表2-2 猪的生物学特性学习和实操任务考核评价表

考核项目	内容	分值	得分
技能操作（50）	了解养猪场猪只的生物学特性	10	
	掌握猪的繁殖力、生长强度、听觉和嗅觉、群居性、猪的食性及多眠性	40	
学习成效（25）	拓展作业	5	
	实习小结	5	
	记录表	5	
	实习总结	5	
	小组总结	5	
思想素质（25）	安全规范生产	5	
	纪律出勤	5	
	情感态度	5	
	团结协作	5	
	创新思维（主动发现问题、解决问题）	5	
合计		100	
评价人员签字	1. 任课教师：　　　　2. 实习指导教师： 3. 专业带头人：　　　4. 园区（企业或行业）技术员：		

备注：前往猪场前须进行全方位消毒，如不按规定消毒，视情节和态度扣除个人成绩20~40分，小组成员同时扣除安全规范生产及团结协作成绩。

任务二　猪的行为学特性

📋 任务目标

知识目标
掌握猪的模仿性、喜好清洁性、拱地性、采食行为、调节体温、性行为、母性行为等行为学特性。

能力目标
通过猪的行为学特性，掌握合理进行有效的饲养管理方法。

📋 任务准备

（一）知识要点

1. 模仿性

猪有探究行为。猪群之间靠拱、推、咬和听进行信息的传递。仔猪出生后，外界的环境持续不断地对它进行作用。仔猪通过看、听、闻、尝、啃、咬、拱和感触进行探究，向大猪学习。猪这种极强的效仿能力称为猪的模仿性。

猪的模仿性在养猪生产中有广泛的应用。如训练小公猪采精时，只需将被训者放在采精现场，让其观察对其他公猪的采精过程，重复3～5次小公猪就会比较顺利地爬跨台畜，完成采精过程。再如仔猪的开食，也是利用仔猪的模仿性实行"母带仔法"或"大带小法"完成的。

2. 喜好清洁性

当猪舍的面积足够大时，猪能够明显地划分出几个不同的地带，分别是吃域、睡域和排泄域，这就是人们时常所说的猪的三点定位。猪的排泄有一定的时间和地点，一般是在采食后、饮水后或起卧时进行排泄。猪喜欢在阴暗、潮湿的角落进行排泄过程,地点一旦固定很少改变。在条件允许的情况下,猪通常会自己保持躺卧地域的清洁和干燥,不会在自己吃、睡的地方排泄,这是其好清洁的表现。为此,在安排生产时,我们一定要注意猪的密度,保证每一头猪的合理占地面积。

3. 拱地性

猪有拱地性,这和猪的采食行为有关。猪在觅食时,首先是用吻突来拱掘,然后才是啃咬和咀嚼,猪的这种行为有利于猪的放牧和自行采食一些必要的矿物质。在放牧饲养时猪可以通过拱地来采食地下的食物。当日粮中缺乏某些矿物质营养元素时,猪可以通过拱地来获得。猪的拱地性可能会给猪舍建筑造成一定的破坏,也容易使猪从土壤中感染寄生虫病或其他的疾病,这就要求我们的猪舍建筑更加坚固耐用。饲喂猪的日粮配比应达到全价和营养平衡的要求。

4. 采食行为

猪的采食行为与猪的生长速度和个体健康密切相关。猪除睡眠以外,大部分的时间用来采食。猪的采食行为受丘脑下部食物中枢的控制,丘脑下部外侧的部位称为摄食中枢,丘脑下部内腹侧的部位称为饱中枢和饮水中枢,它们之间的相互作用,决定着猪的食欲、饮水和其他一系列的消化活动。摄食中枢兴奋,则猪的食欲旺盛,采食量增加,消化器官的活动功能也相应增强。饱中枢兴奋,则猪的食欲下降甚至废绝。一般猪在白天的采食行为为6~8次,高于夜间1~2次的水平,其采食量和采食频率随体重的上升而增加。

猪的采食具有选择性,猪喜欢吃甜食,喜欢吃蔗糖、低浓度的糖精等。在颗粒饲料与粉料之间猪往往选择颗粒饲料;在干料与湿料之间,猪常常偏爱湿料。猪还有自己平衡日粮的"营养智慧"。

饮水中枢的兴奋可以使猪体内血液成分发生改变,引起渴觉和饮水行为。猪的饮水量很大,常常是采食和饮水同步或交叉进行,饮水量约为干饲料的两倍。在不同的季节、年龄、生理阶段、日粮组成和外界温度条件下,猪的饮水量不同。

5. 体温调节行为

和其他动物相比，猪的体温调节功能较弱。当猪遇到寒冷时，会改变自身的姿势来减少身体热能的散发，如团身、四肢缩在体驱之下等。猪还会挤作一团相互取暖，通过打寒战来增加产热，或以被毛直立来增强被毛的隔热作用。此外，低温时猪可以通过减少活动和行动迟缓等来减少热能的损失。

高温时，猪的呼吸频率和直肠的温度升高。这时猪喜欢在泥水中（有时是在自己的粪尿中）打滚，并不时地转动体驱来散热。为了散热，猪常用鼻端拱地，使得自身能够躺在凉爽的下层泥土中。在高温情况下，猪尽量地伸展自己的体驱，尽可能地增大体表面积。在睡眠时，猪的鼻子总是朝向来风的方向，以增加热能的散发。

6. 性行为

性行为是动物的本能，这种本能保证了种的延续，在生产上也有重要的现实意义。当猪性成熟到来之后，母猪会有发情表现并有接受交配的欲望；公猪有精子的生成，并具有爬跨母猪的能力，表现为强烈的交配欲望。猪本交配种过程中应用的就是它本身的这种特性。

7. 母性行为

猪的母性行为是对后代生存和成长有利的本能反应，它包括产前的做窝、分娩、哺乳，对仔猪的保护等。

一般母猪在产前1～2d就会衔草做窝或将泥土堆成一堆。在分娩时母猪多半是躺卧在地，分娩的过程中，母猪不去咬断脐带，也不舔仔猪。分娩中若遇到干扰，母猪则站在仔猪中间，口中发出"呼呼"的声音。分娩过程为1～4h，分娩结束后，母猪产下的胎盘若不及时取走，则往往被母猪吃掉。母猪在分娩过程中乳头已经饱满，产后母猪会自动让仔猪吃乳。母猪在产后最初30～40min哺乳一次，以后随着仔猪的年龄不断增大，哺乳频率不断降低。

（二）工具与材料

养猪场生猪。

训练任务

（一）任务安排

分组：以学习小组进行猪的行为学特性的观察。

（二）任务要求

在观察过程中须详细记录猪的模仿性、喜好清洁性、拱地性、采食行为、性行为及母性行为。

思考与练习

猪的行为学特性有哪些？

考核评价

猪的行为学特性学习和实操任务考核评价内容和评分标准见表2-3（以小组为单位考核）。

表2-3 猪的行为学特性学习和实操任务考核评价表

考核项目	内容	分值	得分
技能操作（50）	了解养猪场猪只的行为学特性	10	
	掌握猪的模仿性、喜好清洁性、拱地性、采食行为、性行为及母性行为	40	
学习成效（25）	拓展作业	5	
	实习小结	5	
	记录表	5	
	实习总结	5	
	小组总结	5	

续表

考核项目	内容	分值	得分
思想素质 （25）	安全规范生产	5	
	纪律出勤	5	
	情感态度	5	
	团结协作	5	
	创新思维（主动发现问题、解决问题）	5	
合计		100	
评价人员签字	1. 任课教师：　　　　　　2. 实习指导教师： 3. 专业带头人：　　　　　4. 园区（企业或行业）技术员：		

备注：前往猪场前须进行全方位消毒，如不按规定消毒，视情节和态度扣除个人成绩20～40分，小组成员同时扣除安全生产及团结协作成绩。

任务三　动物福利

📋 任务目标

知识目标

（1）了解福利养猪的概念及原理。

（2）理解福利养猪的意义。

（3）掌握福利养猪的内容。

能力目标

通过掌握福利养猪的内容，运用到实际的养猪生产中。

📋 任务准备

（一）知识要点

随着经济全球化的深入推进和我国加入世贸组织，配额、许可证等直接限制性的关税贸易壁垒逐渐减弱，"绿色壁垒"等合法的贸易壁垒已经逐渐成为一些国家，尤其是西方发达国家实施贸易壁垒的重要形式。越来越多的国家已把动物福利作为动物产品进口的新标准，以此作为其市场准入的重要条件，从而形成了一种特殊的、新的贸易壁垒，即动物福利壁垒。

我国是一个畜牧生产大国，在全球肉类生产排名中，猪肉和羊肉产量位于世界第一，禽肉和牛肉产量也分别位于世界第二和第三。而畜产品出口量占总产量的比例却不足2%，原因之一就是养殖和屠宰方式不适当。因此，我国的畜牧业要发展，我国的畜禽及其产品要走向国际市场，就必须遵守国际规则。这就要求我国现有的畜禽生产方式和动物保健观念都必须向国际标准看齐。这就要不断地改善畜禽的饲养方式和生存环境，善待畜禽，保证畜禽基本的生存福利。

动物福利有狭义和广义之分。广义的动物福利法涉及多方面法律条文，并分散在各个法律体系中，不单独以动物福利法冠名；狭义的概念是指一部专门的、独立的《动物福利法》，如欧盟及美国、加拿大、澳大利亚等国先后都进行了动物福利方面的立法。动物福利法体现一种新型的法制伦理，即不仅要把人际关系作为立法的范畴，还要把人与自然的关系作为立法的范畴。动物福利法要求人们取之有道，满足动物在生命的各个阶段的基本需求，防止虐待。但由于立法主体是人，立法的目的也是为了人类更好地生存。

1. 福利养猪的原理

1968年英国农场动物福利委员会（FAWC）提出了"五大自由"：不受饥渴的自由；生活舒适的自由；不受痛苦伤害和疾病威胁的自由；生活无恐惧和应激的自由；表达天性的自由。

前三个自由是由动物行为学家和兽医学家通过对动物需求的长期观察而得出的结论，这三个是维持动物良好福利状态和生产性能所必需的。可以说，这三个是属于生理方面的福利自由。

第四个自由属于心理方面的福利自由，涉及动物的精神状态，比较难测量。但是，不可否认，动物良好的精神状态是良好动物福利的重要组成部分。

对于第五个自由，大家各持己见，很难达成一致。一部分人认为，动物返回到自然状态下，能充分表达天性，但是前四个自由会受到明显的威胁。但另一部分人认为，第五个自由只需达到满足动物的需要即可。

总的来说，就是善待活着的动物，减少动物死亡时的痛苦，动物与其所处环境协调一致的、精神健康和生理健康的状态。

2004年3月2日，在世界卫生组织巴黎会上的学者们提出动物的"五大基本原则"：

生理福利，即要保证提供充足的洁净水和保持健康，使动物享受无饥渴的自由；

环境福利，即为其提供适当的栖息场所，保障动物舒适的休息和睡眠，使其享有生活舒适的自由；

卫生福利，享有不受额外的疼痛，预防疾病，对疾病动物及时治疗；

行为福利，即保证动物表达天性的自由；

心理福利，即享有生活无恐惧和悲伤感的自由，保证动物免遭受各种精神痛苦。

这"五大基本原则"是现在公认的动物福利的最低标准，也是国际上通用的衡量是否达到动物福利要求的五大原则。

我国于2018年10月24—25日召开了第二届农场动物福利大会论坛。中国农业科学院北京畜牧兽医研究所王立贤研究员强调，中国的动物福利迫在眉睫且意义重大。改善动物福利除了环境改进、加强育种之外，福利性状遗传改良也可以发挥重要作用。近几年来，通过遗传改良使养猪生产效率得到了极大的改善和提高。在主要生产性能得到提高的同时，也带来了一些负面的影响。在猪的遗传改良上我们所选的性状不可能太多，不同的性状之间有很强的一些不同的遗传关系。如生长速度的提高使猪更具有攻击性；育种值提高会带来更多的打架和欺凌；生长速度更快的猪罹患软骨病的概率更高；哺乳母猪对仔猪的反应迟缓，母猪死亡率增加；更快的生长速度也同样意味着更多的生理问题。我们在选择生长速度的同时，对福利也可能进行了一些不利的变化。

福利性状的遗传改良是一个更基础的事情，本质上去对这些性状做一些改良，不需要农场做巨大的结构和管理的变革。选择目标里面性状越多，每个性状的进展越小，需要考虑在遗传改良中如何去平衡。建议在育种目标里面加入部分福利性状，虽然可能会降低部分生产性状的遗传进展，但是可以增加总体的经济效益。育种目标的变化应该随着不同的性状的变化来不断地调整。猪的福利和我们的生产效益是不矛盾的，而且福利性状得到了很好的改良，总体生产效益也会得到更好的体现。

除此之外，还有多位科研领域、行业领域、企业领域人士倡导和推动动物福利工作。

2. 福利养猪的意义

早在1789年英国人杰里米·边沁就提出了"保护动物权利"的理念。他在其所著的《道德与立法原理导论》中提出"动物具有免遭无端折磨的权利"，并要求结束对动物的残酷行为。在此后的100年中，动物保护运动在西方不断壮大，1822年英国议会通过了人类历史上首部以保护动物权利为目的的《禁止虐待家畜法案》，即马丁法案。

自1822年英国通过世界上第一部"以防止虐待动物为目的"的法案起，目前已有一百多个国家和地区出台了保护动物福利的法律。例如，德国在其宪法中给予了动物相关权利，并制定了专门的《动物福利法》；在亚洲，新加坡、日本等国都在20世纪就完成了动物福利立法。根据《动物福利法》法案，在全国范围内残酷对待动物的行为都将被视为犯罪行为而受到惩罚。这是在动物保护运动史上具有里程碑意义的一步。1850年，法国通过了反对虐待动物的《格拉蒙法案》，美国也通过了《禁止残酷对待动物法》。这一系列法案的通过标志着动物保护运动已经从民间行为上升到政府行为，也标志着维护动物福利的理念得到了法律上的认可。

到了20世纪60—70年代，动物保护运动浪潮在西方全面兴起，并波及世界其他地区，有关思想已深入人心。到目前为止，已有近百个国家和地区建立了完善的动物福利法规。欧盟通过了在其成员国实施的指导条例，要求养猪者要照顾好猪的情绪,并规定到2013年,欧盟各成员国要采用放养式养猪,停止圈养。

英国更是对养殖户养猪的猪圈环境、喂养方式作了细致的规定,还增加了给猪"玩具"的条文。所谓生猪福利,通俗地讲就是"依照不同生理需求,让各类别的猪只在生产、生长过程(包括运输关照与安乐屠宰)中生活得更舒适和更健康"。

相较而言,中国的相关立法处于落后状态。我国2005年《畜牧法(草案)》中原有"动物福利"字样,但后来在全国人大常委会的表决中,因"动物福利"含义不够清楚,删除了这一表述。我国仅在几部法律法规中对"善待动物"进行了提及。比如,2016年修订的《野生动物保护法》第26条规定:"人工繁育国家重点保护野生动物应当有利于物种保护及其科学研究……不得虐待野生动物"。但其中没有相应的细则解释何为"虐待",更没有规定相应的法律责任。

在世界范围内动物福利保护法律制度不断完善和发展的情况下,动物福利概念与国际贸易的联系也越加紧密。我国是农产品生产和销售大国,但在牲畜的饲养、运输和屠宰方式方面很难达到发达国家有关动物福利的进口标准。一方面,动物福利法律法规的落后使我国相关产业不断遭遇贸易壁垒;另一方面,在动物福利标准方面,我国目前更多的是一些由相关部委、行业协会以及企业自行推动的行业规范,这些行业规范大多是他国的动物福利法律法规倒逼的结果,层级较低,更无法律约束力。此外,动物福利保护的落后,也影响到更多行业的进步和发展。例如,一些科研论文和成果,或因违反实验动物保护规范,或因不能提供动物福利伦理证明,而在国际上投稿时屡遭质疑,甚至在发表后遭遇指责,从而影响到学术的交流和技术的进步。

集约化养猪的新观点与新技术给养猪业和饲料业带来勃勃生机,年出栏万头以上规模化猪场越来越多,工厂化程度越来越高,并取得了较好的规模化效益,也为节约土地资源、提高养猪水平做出了贡献。但是更为苛刻的生活环境(高密度、半限位或全限位等)越来越多地取代了原本相对宽松、近于自然的生活环境;合成药物添加剂的广泛应用,以及其他因素也正悄然地改变着生猪与有关的有机体（病毒、细菌等）所处的环境条件；外源品种较弱体质的基因正越来越广泛地取代本地品种较强体质的基因。

这些悄然改变的内外环境条件，已经远离了猪的生物学（自然）需要，几乎超出了猪的适应极限；而与猪有关的有机体（主要是指微观有机体，如病毒、细菌等）正以超出人类控制能力的速度急剧应变着，从而引发了多种传染病肆虐猪群的悲剧，并由此衍生出药费飙升、抗生素与添加剂滥用、耐药菌株对猪与人类的威胁加剧、养猪业对环境的污染日趋严重、肉产品的安全性令人担忧等恶性循环的怪圈。

据有关统计资料表明，2021年我国出栏生猪在6.7亿头左右。但是由于疫病（主要因素）与管理等原因其死亡率超过6%。虽然这种巨额损失与许多养猪者管理水平较低下有直接关系；但是，无可否认远离生猪生物学需要而又苛刻的生活环境则是造成疫病流行的主要原因之一；另外猪的免疫功能下降（内因），抗生素的滥用与病原微生物的急剧应变（外因）也是造成上述现象的又一重要因素。

严峻的形势让人们多少认识到，要使养猪业走出上述的怪圈，必须关心猪的福利，改善猪的生活环境，规范人们养猪行为，提倡更有社会责任感的商业运作，才能实现养猪业健康发展。

3. 福利养猪的内容

世界动物卫生组织制定的《陆生动物法典》第七章专门增加了动物福利内容：促进动物源食品安全，科学改善动物福利；保护动物和动物产品国际贸易的安全。

有关猪饲养的福利条款大部分包含在家畜福利法规的相关内容中，这里介绍2003年英国农用动物福利法规中关于猪饲养的部分内容，从中我们可以看出，提倡猪的福利饲养，是给猪提供更舒适、更符合其自然天性的饲养环境，目标是使猪更好地生长发育，与我们追求的高生产水平并不矛盾。

（1）妊娠母猪和青年母猪的饲养管理 猪生产中运用的定位栏一直是个有争议的话题，1999年英国已经禁止把妊娠单个限制在保定架里，到2012年欧洲也将普遍禁用。2003年（英国）饲养动物福利法规规定如下：

母猪和青年母猪除了预产期的前7d和哺乳期间外，都应群养。

群养的圈长度不低于2.8m，若少于6头时也不少于2.4m。

配种后的每头青年母猪和成年母猪分别占有的无障碍面积至少平均为1.64m^2和2.25m^2，当群饲少于6头时，必须在原来的基础上增加10%的面积，当个体数为40头或更多时面积可以减少10%。

在上述面积中，配种后的每头青年母猪和成年母猪占有的面积至少0.95m^2和1.3m^2为连续的固体地板。青年母猪和经产母猪头数少于10头时，在符合要求的条件下可单头饲养。

青年母猪和经产母猪必须有一定的饲喂体系，以保证在有竞争的条件下也能得到充足的食物。所有未泌乳的青年母猪和经产母猪必须能得到充足的大体积、高纤维和高能的饲料来满足它们的饥饿和咀嚼的需要。

青年母猪和经产母猪群饲时，先天性的攻击行为是一个很严重的问题，依个体的不同其秉性不同，所以充足的空间是特别重要的，可以逃避进攻；当青年母猪或经产母猪某个身体条件欠缺时就要独立饲养，不然将导致严重的受伤，应及早地把持续进攻的个体移离到不同的圈内饲养。

（2）哺乳母猪的饲养管理　对于哺乳母猪，2003年（英国）动物饲养福利法规有如下规定：

妊娠的青年母猪和经产母猪需防止内部和外部寄生虫。在进入产仔笼以前，妊娠的青年母猪和经产母猪必须彻底清洗干净。

在母猪产仔前的一周内，要给予充足的垫窝料，除非是技术上不可行。在产仔期间，在母猪的后面要有无障碍的平地，以满足母猪的自然生产或便于助产。

在母猪活动范围比较大的产仔圈内要有保护仔猪的设施。

在预期产仔的前一周和产仔期，要防止其他的猪看见。产仔母猪的圈内温度应为18～20℃，太高的温度会降低它的采食量和泌乳能力。要管理好产仔母猪的饲喂，这时要有适合这些母猪的饲养配方以保证泌乳期间它们的身体状况。尽可能要提供垫窝料，特别是在产仔前的24h内，保证母猪的垫窝需要，使应激减少到最低限度。

（3）仔猪的饲养管理　研究表明在分娩笼中的母猪虽然能很容易的就近获得食物，但却丧失了小猪的健康和福利。初生仔猪中最小的一个最易死亡，特别是在出生后的第一天，较小的猪刚出生时平均体温会下降4℃，较大的仅下降1℃，温度的下降使仔猪所保存的有限能量损失，将影响仔猪对初乳的摄取并降低了它们对疾病的抵抗力。为此，英国动物饲养福利法规对哺乳仔猪的饲养进行了如下规定：

必要时给仔猪提供热源和干燥、舒适、远离母猪、能同时休息的地方。饲养仔猪的一部分地板要足够大，能满足同一时间所有的仔猪都能休息，地板要求硬的铺有垫子或稻草及其他合适的材料。

产仔笼必须有足够大的空间以保证仔猪吃奶不困难。仔猪断奶日龄一般不少于28d，否则仔猪的福利健康将受到负面的影响。如果仔猪是移到空的、彻底清洗、消毒的专门的圈内，并且与其他母猪舍隔开，可以提前7d断奶（即全进全出系统，而且能满足仔猪生活的其他条件）。

（4）断奶仔猪和生长育肥猪的饲养管理

表2-4　猪单位体重占地面积

每体重/kg	占有面积/m^2	每体重/kg	占有面积/m^2
≤10	0.15	10～20	0.20
20～30	0.30	30～50	0.40
50～85	0.55	85～110	0.65
>110	1.00	—	—

表2-4中的数字是最低的要求，圈的形式及管理可能要求更大的空间。总的地板面积要满足休息、饲喂和活动的需要，休息的地板面积要满足所有的猪同时躺下来的要求。

英国动物饲养福利法规中有如下规定：

断奶后的仔猪要尽快群体饲养，尽可能地保持群体稳定、减少混群。如果不同的群混养时，越早越好，最好在断奶前或断奶一周内。一旦混合后要有足够的空间来满足遭到其他猪的进攻时能够逃跑和隐藏。

经过咨询兽医后可给猪注射镇静剂以方便混群，减少意外情况的发生。当严重的进攻发生时，要及时地查明原因并采取恰当的措施。

（5）公猪的饲养管理　对于公猪的饲养，英国动物饲养福利法规规定：

公猪圈应允许公猪在里面自由活动，能听见、看见、闻见其他的猪，要有干净的休息地方。

公猪躺卧的地方要干燥、舒适。

每头成年公猪平均占有的平地板面积至少为$6m^2$，若公猪圈也用来自然交配时，每头成年公猪平均占有的平地板面积至少为$10m^2$。

公猪圈周围的墙要足够高以防止猪跳墙，但要能看见其他的猪。公猪通常单圈饲养，有充足的垫草和周密控制的温度，过高的温度将导致公猪不育或影响其配种的欲望和能力。

（6）运输处理　猪在运输前通常会禁食一段时间，这有利于其处于良好的福利状态，减少运输中的死亡率，防止猪在运输途中发生呕吐；有利于食品安全，便于胃内排空，减少胃肠内容物中的细菌对内脏造成污染和传播。但长时间的禁食会侵害猪的福利，还会造成猪体内糖原的过度消耗，增加黑干肉（DFD）的发生率。因此，为了尽量避免对动物福利、胴体及肉品质量产生的负面影响，要加强运输过程中的管理：

保证车辆设计的合理，要求运输车清洁，车辆内壁应当没有锋利、突出的物体，地面应该是防滑的。

保证适当的运输密度，因为过高的运输密度会造成动物拥挤而导致皮肤擦伤的比率上升；但运输密度过低更易引起打斗现象，并且在车辆加速、急刹车或拐弯时容易使其失去平衡。欧盟要求猪的运输空间是$0.425m^2/100kg$。

保证充足的通风，高温高湿的环境会增加猪的应激，增加运输死亡率和白肌肉（PSE）的发生。Warriss建议运输过程中的车内温度不要超过30℃，并且应当避免在一天最热的时间段内运输。

尽量减小混群程度，在混群是不可避免的情况下，混群应在运输前在农场处理时进行。

在长途运输中，运输时间超过8h要休息24h，要适时的提供饮食和饮水，以维持好的福利状态，减少死亡率和体重的减轻。

（7）其他法规内容　有关猪福利饲养的法规已比较完善，英国动物饲养福利法规中除上述内容外，还对以下内容进行了规定：

饲养人员的日常工作：如饲养人员的基本要求、猪群观察、转运等。

猪群健康管理：如生物安全措施、内外寄生虫、拐腿、疫苗注射、病猪处理等。

猪舍：如地板形式规格、通风、温度、光照噪声、设备等。

饲料、水和其他物品。

日常管理：如环境、去势、断尾、剪牙、自然交配、人工授精等。

（二）工具与材料

养猪场生猪动物福利调查表。

训练任务

（一）任务安排

分组：以学习小组进行猪动物福利情况调查。

（二）任务要求

在观察过程中须详细记录在日常生产过程中动物福利实施情况。

思考与练习

猪的动物福利有哪些？

考核评价

动物福利学习和实操任务考核评价内容和评分标准见表2-5（以小组为单位考核）。

表2-5　动物福利学习和实操任务考核评价表

考核项目	内容	分值	得分
技能操作（50）	了解养猪场猪只的动物福利的具体内容	10	
	掌握猪的生产过程中动物福利实施情况	40	
学习成效（25）	拓展作业	5	
	实习小结	5	
	记录表	5	
	实习总结	5	
	小组总结	5	
思想素质（25）	安全规范生产	5	
	纪律出勤	5	
	情感态度	5	
	团结协作	5	
	创新思维（主动发现问题、解决问题）	5	
合计		100	
评价人员签字	1. 任课教师：　　　　　　　2. 实习指导教师： 3. 专业带头人：　　　　　　4. 园区（企业或行业）技术员：		

备注：前往猪场前须进行全方位消毒，如不按规定消毒，视情节和态度扣除个人成绩20~40分，小组成员同时扣除安全规范生产及团结协作成绩。

小 结

一、知识框架

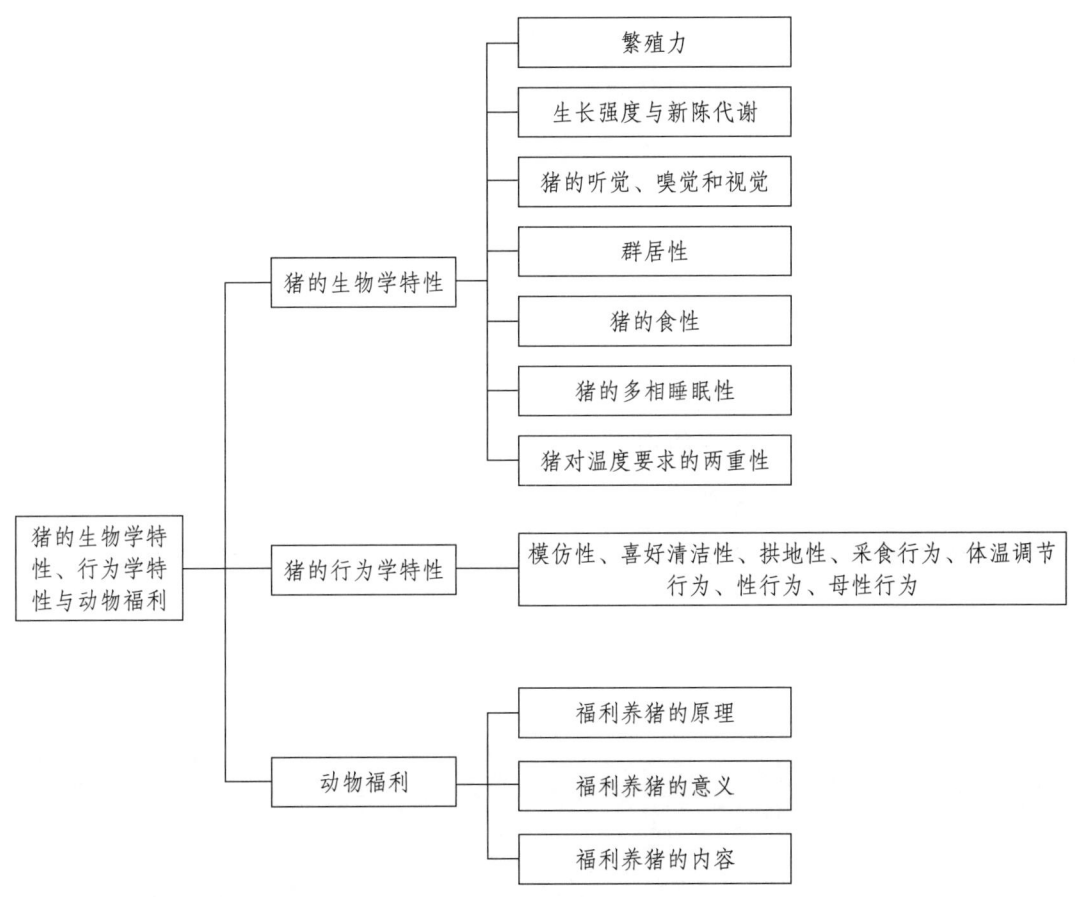

二、综合测试

(一) 名词解释

猪的群居性、猪的模仿性、动物福利。

（二）填空题

1．公猪的繁殖力强表现在一次的射精量大，为_____mL，多的达到_____mL。

2．我国的新培育品种猪一般在_____月龄达到性成熟，而引入品种猪一般在_____月龄达到性成熟。

3．猪的妊娠期平均为_____d，范围是_____d。

4．仔猪的开食，也是利用仔猪的模仿性实行_____或_____完成的。

5．猪的母性行为是对后代生存和成长有利的本能反应，它包括产前的_____、_____、_____、对仔猪的保护等。

（三）简述题

1．简述猪的生物学特性。

2．简述猪的行为学特性的内容。

3．简述动物福利的意义。

4．简述英国农场动物福利委员会（FAWC）提出"五大自由"的内容。

模块三 生态猪场的建设

模块目标

1. 了解生态养猪系统构建的原理、方法和生态养猪模式。
2. 掌握垫料制作的工艺与标准、方法。
3. 理解猪场粪污处理的主要工艺和方式。
4. 培养热爱农牧行业，具备追求卓越、精益求精的精神；具备不断学习的能力和习惯，了解本领域的最新动态、新技术、新方法，并能将其应用于实践；培养热爱家乡的情怀，树立振兴当地养殖产业的志向；培养热爱"三农"的情怀，树立服务"三农"的责任感。

"生态猪场"在这里特指利用发酵床养猪技术发酵降解粪污，达到"零排放、零污染"效果，获得养猪和造肥双重效益的养猪场。本情景将会介绍生态猪场建设、生态养猪基本原理、发酵床垫料制作等相关知识。

任务一 生态养猪场系统构建的原理和方法

任务目标

知识目标

了解生态养猪场系统构建的原理。

能力目标

掌握生态养猪场系统构建的方法。

📋 任务准备

（一）知识要点

1. 系统构建原理

生态养猪系统构建的原理是系统中能量流动和物质循环规律构成的一种良性循环，在系统内做到物质良性循环，能量多级利用，达到高产、优质、高效、低耗的目的。在该系统中粪污、垫料在生产过程中得到多次利用，形成良性循环系统，从而获得更高的资源利用率和最大经济效益，并有效防止养殖场对周围环境的污染。

2. 系统构建方法

构建生态养猪场系统可参考以下步骤：

（1）圈舍建设　明确养猪规模，合理确定养猪密度；圈舍选址要求地势高燥、坐北朝南；屋顶、墙面使用保温隔热的材料；设置窗户、通风系统，保证采光充足和通风良好；设置食槽、饮水器；采用异位发酵生态养猪模式还应建设粪污收集、输送系统。

（2）垫料床建设　选择合适的垫料原料、发酵菌种；铺设垫料床：原位发酵模式直接铺设在圈舍内，异位发酵模式需另外建设发酵池以及集污池；均匀混合垫料床、调整湿度；引入生猪开始发酵。

（3）日常维护　使用人工或者机器定期翻松垫料；根据垫料床运行情况补充垫料和菌种；注意通风和调整垫料床水分。

（二）工具与材料

养猪场。

训练任务

（一）任务安排

分组：以学习小组形式在猪场进行生态猪场建设的原理的学习。

（二）任务要求

在观察过程中须详细记录猪场的垫料床的建设和圈舍的内部构。

思考与练习

垫料床的工作原理是什么？

考核评价

生态养猪场系统构建的原理和方法学习和实操任务考核评价内容和评分标准见表3-1（以小组为单位考核）。

表3-1　生态养猪场系统构建的原理和方法学习和实操任务考核评价表

考核项目	内容	分值	得分
技能操作（50）	了解生态猪场的建设	10	
	掌握猪场圈舍的建设和垫料床的工作原理	40	
学习成效（25）	拓展作业	5	
	实习小结	5	
	记录表	5	
	实习总结	5	
	小组总结	5	

续表

考核项目	内容	分值	得分
思想素质（25）	安全规范生产	5	
	纪律出勤	5	
	情感态度	5	
	团结协作	5	
	创新思维（主动发现问题、解决问题）	5	
合计		100	
评价人员签字	1. 任课教师：　　　　　　　2. 实习指导教师： 3. 专业带头人：　　　　　　4. 园区（企业或行业）技术员：		

备注：前往猪场前须进行全方位消毒，如不按规定消毒，视情节和态度扣除个人成绩20～40分，小组成员同时扣除安全规范生产及团结协作成绩。

任务二　生态养猪的基本原理和模式

📋 任务目标

知识目标

（1）了解生态养猪的基本原理。

（2）熟悉生态养殖的不同模式。

能力目标

（1）掌握生态养猪的基本原理。

（2）掌握不同生态养猪模式优缺点。

任务准备

（一）知识要点

1. 基本原理

生态养猪又称"发酵床养猪""生物环保养猪""零排放养猪"等，基本原理是利用锯末、谷壳、玉米秸秆等农副产物以及有益菌种制作垫料，猪粪尿、垫料充分混合，有益菌种能够长期、有效地将垫料、猪粪尿转化为有用物质和能量，消除恶臭，抑制病菌，淘汰后的垫料成为有机肥，做到"零污染，零排放"。

2. 常见生态养猪模式

（1）原位发酵模式　猪只放置在垫料上饲养，通过猪翻拱的习性或者人工翻松将粪污与垫料均匀混合，达到发酵降解的目的（图3-1）。

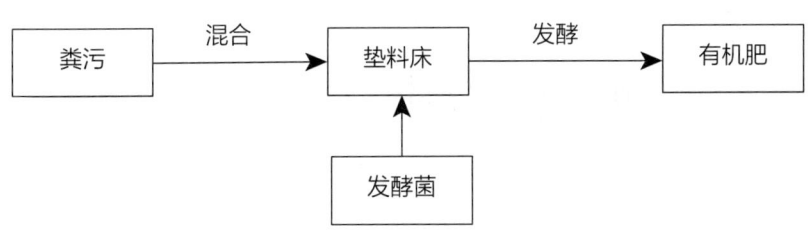

图3-1　原位发酵模式

优点：免去冲洗圈舍造成的人力、水资源浪费；大量繁殖的有益菌种可向猪提供菌体蛋白，猪拱食后可节省饲料；有益菌种对猪粪污的分解、转化可有效减少圈舍臭气。

缺点：猪只定点排泄的习性会造成垫料床粪尿分布不均匀，时间长会板结造成"死床"，需要人工、机器定期翻松。

（2）异位发酵模式（独立式）　在猪舍外修建发酵池，将搅拌均匀的泡粪从集污池输往发酵池，通过喷淋设备将粪污均匀喷淋在发酵垫料床上，再用翻抛设备对粪污和垫料进行均匀混合，达到发酵降解的目的（图3-2）。

优点：相比原位发酵更机械化，效率更高；有效减少因为猪只定点排泄造成的"死床"现象；一年四季都可正常工作，不需要考虑垫料床温度过高对猪只的

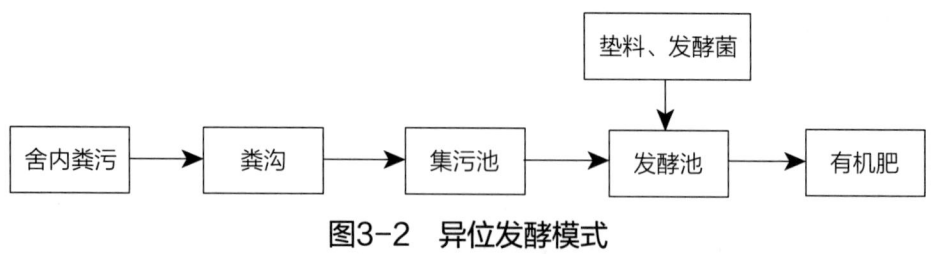

图3-2 异位发酵模式

影响；猪床分离能降低猪只呼吸道疾病的发病率。

（二）工具与材料

养猪场。

训练任务

（一）任务安排

分组：以学习小组的形式在猪场观察。

（二）任务要求

在观察过程中须详细记录猪场的垫料床的建设和圈舍的内部构造。

思考与练习

垫料床的工作原理是什么？

考核评价

生态养猪的基本原理和模式学习和实操任务考核评价内容和评分标准见表3-2（以小组为单位考核）。

表3-2 生态养猪的基本原理和模式学习和实操任务考核评价表

考核项目	内容	分值	得分
技能操作（50）	了解生态猪场建设的基本原理	10	
	掌握生态猪场养殖模式的原理	40	
学习成效（25）	拓展作业	5	
	实习小结	5	
	记录表	5	
	实习总结	5	
	小组总结	5	
思想素质（25）	安全规范生产	5	
	纪律出勤	5	
	情感态度	5	
	团结协作	5	
	创新思维（主动发现问题、解决问题）	5	
合计		100	
评价人员签字	1. 任课教师： 2. 实习指导教师： 3. 专业带头人： 4. 园区（企业或行业）技术员：		

备注：前往猪场前须进行全方位消毒，如不按规定消毒，视情节和态度扣除个人成绩20～40分，小组成员同时扣除安全规范生产及团结协作成绩。

任务三　典型猪场设计案例

📋 任务目标

知识目标

学习典型猪场设计经验。

能力目标

熟悉典型猪场设计案例。

📋 任务准备

（一）知识要点

以四川某公司某猪场设计案例进行介绍。

四川某猪场年存栏4000头，采用四川某公司提供的异位发酵床技术处理猪粪污，取得较好效果。

1. 技术模式

异位发酵床技术首先需要建设异位发酵床，粪污经管道进入集污池，集污池内的粪污为流体状态（利用切割泵和搅拌机预处理），然后用自动喷淋机装置将粪污均匀喷洒在异位发酵床垫料上，在床内进行发酵处理。

该技术克服了原位生物发酵床技术的不足，干粪、污水可由发酵床统一处理并转化为固态有机肥原料，污染物无外排。

2. 技术要点

异位发酵床建造：将菌种与锯末、谷壳、木屑等辅料按一定比例混合，制成发酵床垫料，添加到发酵床内。

粪污喷洒：将集污池中的物料喷淋到发酵床表面。

物料翻抛：粪污完全渗入基料（3~4h）后，使用翻抛机进行翻抛，1~2d翻抛1次。

生物发酵：每次喷淋粪污后，经24h发酵后，发酵池表面以下35cm处的温度应上升至45℃左右，48h后升至60℃，在此温度下保持24h后，再进行下一次粪污喷淋。发酵周期为3d。

基质补充：当发酵池内发酵基质的高度沉降15~20cm时，应及时补充发酵基质，以维持池内发酵基质的总量；发酵基质原料一般可连续使用3年。

肥料加工：充分腐熟后的固态粪污混合物，可用于有机肥加工。

3. 效益

该猪场采用的异位发酵床技术，克服了原位发酵床生物安全性的不足，同时大大减少场内污水处理需求，促进了清洁生产，实现了养殖污染物减量化的有效控制。

该猪场异位发酵床系统投资80万元，年生产有机肥1300t，年产值70万元，3年即可收回全部投资。可实现生态效益和经济效益双成效。

（二）工具与材料

生态猪场养殖案例。

训练任务

（一）任务安排

分组：以学习小组的形式讨论四川某公司猪场设计案例中，异位发酵床的工作原理。

（二）任务要求

掌握异位发酵床的工作过程以及工作步骤。

思考与练习

异位发酵床的工作原理是什么？

考核评价

典型猪场设计案例学习和实操任务考核评价内容和评分标准见表3-3（以小组为单位考核）。

表3-3　典型猪场设计案例学习和实操任务考核评价表

考核项目	内容	分值	得分
技能操作（50）	了解生态猪场的异位发酵床的工作过程	10	
	掌握生态猪场异位发酵床的工作原理	40	
学习成效（25）	拓展作业	5	
	实习小结	5	
	记录表	5	
	实习总结	5	
	小组总结	5	
思想素质（25）	安全规范生产	5	
	纪律出勤	5	
	情感态度	5	
	团结协作	5	
	创新思维（主动发现问题、解决问题）	5	
合计		100	
评价人员签字	1. 任课教师：　　　　2. 实习指导教师： 3. 专业带头人：　　　4. 园区（企业或行业）技术员：		

备注：前往猪场前须进行全方位消毒，如不按规定消毒，视情节和态度扣除个人成绩20～40分，小组成员同时扣除安全规范生产及团结协作成绩。

任务四　垫料床制作工艺与标准

📋 任务目标

知识目标

（1）了解制作垫料床所需的原料。

（2）了解影响垫料床制作的因素和注意事项。

能力目标
(1) 学习如何选择制作垫料床的原料和菌种。
(2) 掌握制作垫料床的工艺。

任务准备

(一) 知识要点

1. 原料的选择

(1) 垫料床的原料要求　碳氮比高（提供充足碳源）、蓬松透气、吸水吸附性能好、无毒无害等。在实际选择时还应注意原料采集采购是否方便，价格是否便宜，质量是否有保障等。

以下是制作垫料床的几种常见原料：

锯末：碳氮比在所有常见的原料中最高，可以用于长时间发酵，是目前最佳的发酵原料。

谷壳（稻子壳）：发酵效果和时间次于锯末，有较好的透气性能，将谷壳掺入锯末中，效果与纯锯末相近，可提升纯锯末的透气性能。

玉米秸秆：用玉米秸秆制作垫料价格低、采购采集容易但使用寿命短。可铺在垫料最下层，也可铡短与谷壳、锯末混用。

此外，花生壳、树皮、稻草、玉米皮也是理想的发酵原料。

(2) 发酵床的核心　发酵菌种是发酵床的核心，菌种的好坏决定了猪只粪便分解、垫料发酵的效率。养殖户在选购发酵床菌种时应注意以下几点：

选择正规厂家生产的发酵床专用菌种，要求性能稳定、使用时间长。

商家是否能够提供详尽的使用说明以及技术服务。

尽量选择复合型菌种而非单一菌种，这样能够更好适应不同温度、湿度、酸碱度，可使粪便分解、垫料发酵更充分，效率更高。

2. 配比最佳比例

垫料床的原料建议选择混合后的锯末、谷壳（6∶4），玉米秸秆、小麦秸、稻草等可铺设在下层，厚度不超过10cm。菌种应该按照厂家说明书添加，冬季必要时添加低温发酵菌。

3. 制作与标准

垫料床厚度一般为50cm以上，制作步骤参考如下：

把玉米秸秆、小麦秸、稻草等原料切成段并压实，放在最底层（厚度约10cm）。

放入混合后的锯末、谷壳粉，每放一层10cm厚的锯末、谷壳粉，就均匀撒上一层菌种。

调整垫料的含水量（60%），以手握垫料不滴水为宜。

等待垫料床发酵升温达到40℃左右便可启动使用。

4. 影响垫料床的制作因素

发酵菌种和垫料的质量：劣质的发酵菌种和垫料会严重影响发酵效果。

垫料铺设的厚度：过薄达不到发酵所需的温度，过厚会造成浪费。

垫料床混合均匀程度：要充分搅拌，避免出现某一区域湿度过高或过低。

5. 制作过程中的注意事项

注意制作垫料床的原料要晒干，保证无毒、无发霉现象。

注意制作垫料床应提前考虑猪舍通风环境、防水能力是否良好。

菌种的使用要依照生产厂家的使用说明。

加入猪粪、尿后要即时翻松，防止垫料床板结成"死床"。

（二）工具与材料

制作垫料床的原料，如锯末、谷壳、玉米秸秆、花生壳、树皮、稻草、玉米皮等。

训练任务

（一）任务安排

分组：以学习小组的形式制作小型发酵床。

（二）任务要求

掌握发酵床的制作步骤和标准。

思考与练习

发酵床的制作标准和步骤是什么。

考核评价

垫料床制作工艺与标准学习和实操任务考核评价内容和评分标准见表3-4（以小组为单位考核）。

表3-4　垫料床制作工艺与标准学习和实操任务考核评价表

考核项目	内容	分值	得分
技能操作（50）	了解生态猪场的发酵床的制作工程	10	
	掌握生态猪场发酵床制作的注意事项	40	
学习成效（25）	拓展作业	5	
	实习小结	5	
	记录表	5	
	实习总结	5	
	小组总结	5	
思想素质（25）	安全规范生产	5	
	纪律出勤	5	
	情感态度	5	
	团结协作	5	
	创新思维（主动发现问题、解决问题）	5	
合计		100	
评价人员签字	1. 任课教师：　　　　2. 实习指导教师： 3. 专业带头人：　　　4. 园区（企业或行业）技术员：		

备注：在制作过程中，由于原料易引起环境卫生问题，所以在制作过程中，如不按规定制作，视情节和态度扣除个人成绩20~40分，小组成员同时扣除安全规范生产及团结协作成绩。

任务五　猪场粪污处理系统

📋 任务目标

知识目标
（1）猪场干粪收集、粪污处理设施设备。
（2）猪场粪污处理技术和主要工艺。

能力目标
（1）熟悉猪场干粪收集、粪污处理设施设备。
（2）掌握固液分离、厌氧发酵等猪场粪污处理技术和主要工艺。

📋 任务准备

（一）知识要点

生猪养殖过程中会产生粪便、尿液、垫料、冲洗水、动物尸体和饲料残渣等废弃物，这些废弃物如果处理利用不当，将会对猪场周边的土壤、水和空气造成污染。目前，养殖废弃物处理利用的方式主要有清洁回收、集中处理、达标排放和种养结合循环利用四种。

1. 干粪收集设施

生猪养殖干式清粪工艺又称干清粪工艺，是一种简单又行之有效的猪场生产工艺。一般由人工清扫或机械收集。这种工艺能够尽早防止猪场固体粪便与粪水混合，最大限度减少粪污产生量，以简化粪便处理工艺、减少处理设施设备。干清粪主要设施包括：

（1）栏舍内收集设施　主要有漏缝地板、污水沟、清粪沟、清粪道、出粪口和舍外集粪池等。目前，部分猪场安装了机械化程度较高的牵引刮粪机（图3-3），该机由粪便刮板、滑动支架、牵引绳和主机组成。该机操作简单、使用方便、安全可靠，可以调节清粪频率，运行噪声低，对猪只影响较小，极大减轻劳动强度，但初期投资较大，维护较为不便。

（2）干清粪排污设施　主要有污水沟、舍内沉淀池、排出管、舍间排污支管、排污干管等，同时，在排污干管上设置一定数量的检查井，最后排至粪水收集池，进入粪污处理净化系统。

2. 固液分离

（1）作用　固液分离是粪便处理的预处理工艺，通过采用物理或化学的方法和设备，将粪便中的固形物和液体分开。该方法可将粪水中的悬浮固体、长纤维、杂草等分离出来，通常可以使粪水中的化学需氧量（COD）降低14%~16%。

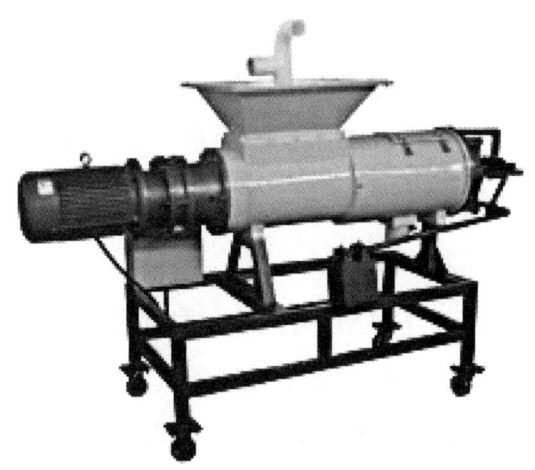

图3-3　牵引刮粪机

粪便经过固液分离后，固体部分便于运输、干燥、制成有机肥或用于牛床的垫料等；液体部分不仅宜于运输、存贮，而且由于液体部分的有机物含量低，也便于后续处理。目前，固液分离主要采用化学沉降、机械筛分、螺旋挤压、离心脱水等方法。

（2）设备　固液分离设备包括沉降分离设备和机械分离设备两种。

① 沉降分离设备：沉降分离是利用重力作用自然沉降的分离方式。沉淀池是最常用的设备。该设备具有不需要动力、工艺简单、运行成本低等优点；但存在粪水在沉淀池中停留的时间长、沉淀渣含水率高等问题。

② 机械分离设备：机械分离方法是技术较为成熟、使用最广泛的固液分离方法。常用的机械分离设备主要有斜板筛分离机、螺旋挤压分离机和离心分离机等。

a. 斜板筛分离机。利用固形物自身的重力将粪水中的固形物分离出来。主机由均料箱、不锈钢筛网、筛板箱和机架组成，无传动件和动力。该设备具有投入成本低、运行费用低、结构简单和便于维修等优点；但存在固形物去除效率较低，分离出的固形物含水率高、筛孔易堵塞、需经常清洗等问题。

b. 螺旋挤压分离机。该设备是将重力过滤和挤压过滤以及高压压榨融为一体的分离装置。由机体、无堵塞泵、网筛、挤压螺旋、电机、卸料装置等组成。该设备具有自动化程度高、操作简便、易维修、噪声低、处理量大、分离出的固形物含水率低、不易堵塞等特点；但存在运行费用较高、液体中固形物浓度较高等问题。

c. 离心分离机。是利用固体悬浮物在高速旋转下产生离心力的原理将固液分离的一种设备。该设备具有分离效果好、固形物含水率低等特点；但存在设备昂贵、能耗高、维修难等问题。

3. 厌氧发酵

厌氧发酵又称沼气发酵，是指有机物质（畜禽粪便、秸秆、杂草等）在一定的水分、温度和厌氧条件下，通过种类繁多、数量巨大且功能不同的各类微生物的分解代谢，最终形成甲烷和二氧化碳等混合气体（沼气）的复杂的生物化学过程。

畜禽养殖场大中型沼气工程技术是以规模化畜禽养殖场畜禽粪便污水的污染治理为主要目的，以畜禽粪便的厌氧消化为主要技术环节，集污水处理、沼气生产、资源化利用为一体的系统工程技术。由于畜禽养殖场沼气工程技术集环保、能源、资源利用为一体，又被称为畜禽养殖能源环境工程技术。

（1）沼气发酵过程　该过程要经历液化、产酸和产甲烷三个阶段。

沼气发酵过程的液化阶段：沼气发酵原料首先被发酵细菌分泌的胞外酶水解成可溶性的糖、肽、氨基酸和脂肪酸后，才能被微生物吸收利用。经过发酵作用将它们转化为乙酸、丙酸、丁酸等脂肪酸和醇类，以及一定量的氢气、二氧化碳。

沼气发酵过程的产酸阶段：在乙酸菌的作用下，各种复杂有机物可生成有机酸和氢气以及二氧化碳等。

沼气发酵过程的产甲烷阶段：在产甲烷菌作用下，把乙酸和氢气以及二氧化碳转化为甲烷和二氧化碳气体，使有机物在厌氧条件下的分解作用顺利完成。

（2）沼气发酵温度　沼气发酵温度范围一般在10～60℃，温度对沼气发酵的影响很大,温度升高沼气发酵的产气率也随之提高,通常以沼气发酵温度分为高温发酵、中温发酵和常温发酵工艺。

① 高温发酵工艺:是指发酵料液温度维持在50~60℃,实际控制温度在53℃±2℃,该工艺特点是微生物生长活跃,有机物分解速度快,产气率高,滞留时间短。采用高温发酵可以有效杀灭其中的致病菌和寄生虫卵,具有较好的卫生效果,从除害灭菌和发酵剩余物肥料利用的角度来看,选用高温发酵较为实用。但维持消化器高温运行能耗较大。一般情况下,只有在有余热可利用的条件下,可采用高温发酵工艺。

② 中温发酵工艺:是指发酵料液温度维持在35℃±2℃的范围,与高温发酵相比,这种工艺消化速度稍微慢一些,产气率要低一些,但维持中温发酵的能耗较少,沼气发酵能总体维持在一个较高的水平,产气速度比较快,料液基本不结壳,可以保持常年稳定运行。

③ 常温发酵工艺:是指在自然温度下进行沼气发酵,发酵温度受气温影响而变化。其特点是发酵料液温度随气温、地温的变化而变化,一般料液温度低于10℃以后,产气效果很差。其优点是不需要对发酵料液温度进行控制,节省保温和加热投资;缺点是同样投料的情况下,一年四季产气率相差很大。

4. 猪粪尿资源化利用典型案例

以四川成都邛崃市某生态农场"粪污厌氧发酵—肥料化利用模式"为案例进行介绍。

(1) 基本情况　邛崃市某生态农场成立于2013年10月31日,位于邛崃市临济镇黄庙社区,现有黄庙和瑞林两个养殖场,主要从事生猪养殖销售,谷物、茶叶、蔬菜、水果、楠木树苗种植销售等,2018年出栏32000头,2019年上半年出栏15000头,2019年6月存栏21000余头,生猪的销售价格为6~7.5元/kg,年产值6500万元,年利润450万元。

(2) 基础条件　前期投入1200万元用于粪污处理设施设备,目前黄庙养殖场猪舍面积总占地面积168亩。沼液储存池16000m^3,沼气池1800m^3,堆粪场400m^3,配套种植面积(茶叶、水果、蔬菜)5000亩;瑞林养殖场猪舍面积总占地面积64亩。沼液储存池10000m^3，沼气池2600m^3，堆粪场400m^3，配套种植面积：茶叶、水果、蔬菜7000亩。

（3）选址分析　养殖场位于邛崃市临济镇，公路畅通且已全面硬化，交通便利，建设区域为农业区，无工业污染，水质好，地势平坦，向阳，干燥，通风。粪污能实现干粪堆肥发酵，污水经厌氧发酵池处理后还田还土，实现种养一体化循环模式。

（4）粪污资源化利用模式　养殖场均采取粪污厌氧发酵—肥料化利用模式，采用干湿分离设备将干粪分离收集堆肥发酵，液态粪污经厌氧发酵池处理产生的沼液用于茶叶、水果、蔬菜等种植。

（5）工艺选型　养殖场实行干清粪+堆粪场+沼气发酵+农业还田模式进行处理。粪污处理利用工艺如图3-4所示。

（6）粪污资源化利用去向　通过干湿分离设备将干粪分离收集堆肥发酵后用于茶叶、蔬菜生产基地，用不完的堆肥运输到区域性粪污集中处理中心进行堆肥深加工。沼液经厌氧发酵后用管网输送至周边茶叶、水果种植基地进行还田利用，用不完的沼液运输到沼液集中处理中心进行液态有机肥加工。

主要通过以下方式进行资源化综合利用：一是通过干湿分离设备将干粪分离收集堆肥发酵，运送至公司合作的蔬菜基地进行蔬菜施肥；二是在养殖场周边安装沼液灌溉管网对周边农经作物进行施肥，覆盖周边3000余亩茶园、果

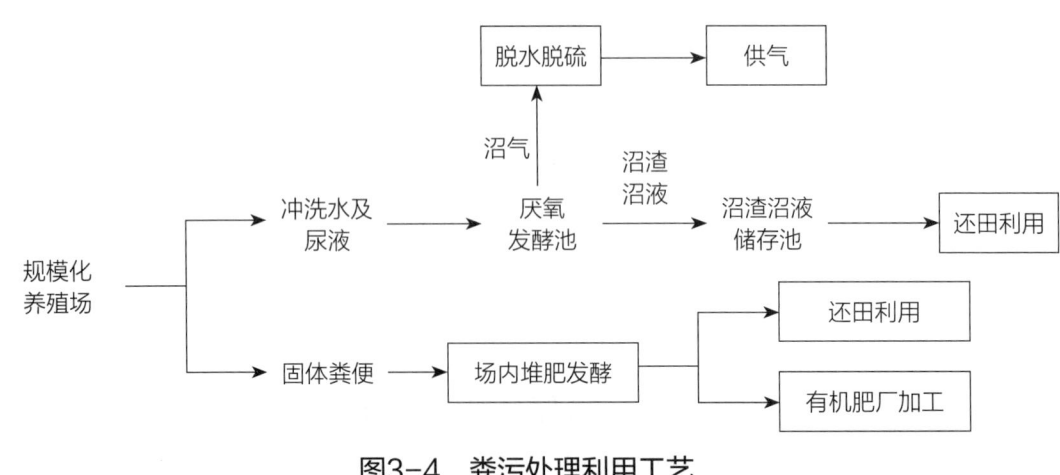

图3-4　粪污处理利用工艺

园；三是与第三方抽粪合作社合作，将粪污运送到沼液灌溉管网不能覆盖较远的农经作物种植区进行施肥，覆盖面积约2000亩；四是建设干粪堆肥深加工及沼液深加工基地，规模化、标准化、市场化生产固体、液体有机肥进行市场化销售。

（7）建设目标　项目建成后，养殖场粪污处理设施设备配套率达到100%，粪污综合利用率达到100%，通过基础设施改造和粪污处理设施的增添和技术的提升，提高养殖生产水平和能力。

（二）工具与材料

养猪场粪污处理系统。

训练任务

（一）任务安排

分组：以学习小组的形式观察猪场粪污处理系统的工作流程。

（二）任务要求

掌握粪污固液分离的工作流程。

思考与练习

粪污厌氧发酵的工作原理是什么？

考核评价

猪场粪污处理系统学习和实操任务考核评价内容和评分标准见表3-5（以小组为单位考核）。

表3-5 猪场粪污处理系统学习和实操任务考核评价表

考核项目	内容	分值	得分
技能操作（50）	了解生态猪场粪污的固液分离	10	
	掌握生态猪场的粪污厌氧发酵的工作原理	40	
学习成效（25）	拓展作业	5	
	实习小结	5	
	记录表	5	
	实习总结	5	
	小组总结	5	
思想素质（25）	安全规范生产	5	
	纪律出勤	5	
	情感态度	5	
	团结协作	5	
	创新思维（主动发现问题、解决问题）	5	
合计		100	
评价人员签字	1. 任课教师： 2. 实习指导教师： 3. 专业带头人： 4. 园区（企业或行业）技术员：		

备注：前往猪场前须进行全方位消毒，如不按规定消毒，视情节和态度扣除个人成绩20～40分，小组成员同时扣除安全规范生产及团结协作成绩。

小 结

一、知识框架

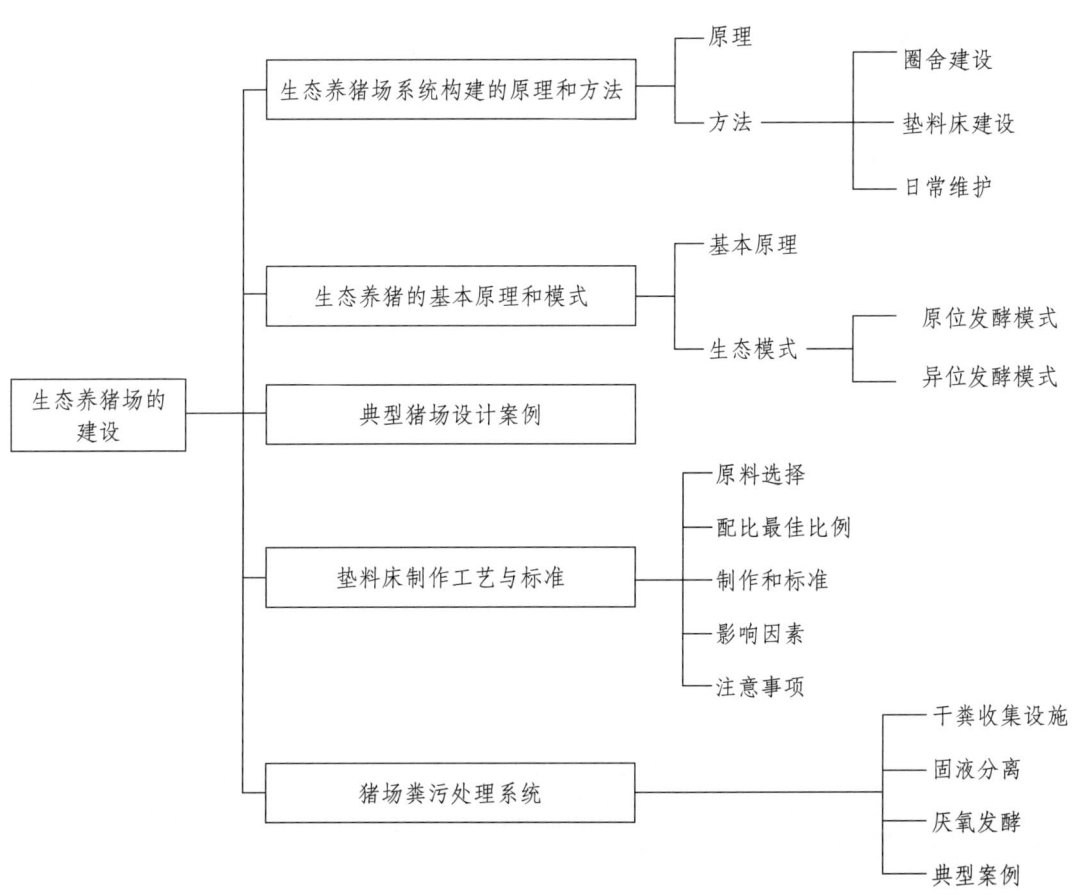

二、综合测试

(一) 名词解释

原位发酵、异位发酵、厌氧发酵。

（二）填空题

1．猪只定点排泄的习性会造成垫料床粪尿分布不均匀，时间长会板结造成_____。

2．选择发酵菌种时尽量选择_____而非_____，这样能够更好适应不同温度、湿度、酸碱度，可使粪便分解、垫料发酵更充分，效率更高。

3．沼气发酵过程要经历_____、_____和_____三个阶段。

（三）简述题

1．简述发酵床养猪模式的基本原理。
2．简述采用发酵床技术养猪的优点。
3．简述粪污处理过程中固液分离的作用。

模块四　猪的饲养管理技术

模块目标

1. 掌握种猪的饲养管理技术。
2. 熟悉种母猪的发情鉴定。
3. 掌握采精及人工授精技术。
4. 熟悉种母猪的妊娠诊断。
5. 掌握种母猪的分娩技术及仔猪的饲养管理技术。
6. 熟悉保育猪及育肥猪的饲养管理技术。
7. 培养学生热爱农牧行业，具备追求卓越、精益求精；具备不断学习的能力和习惯，了解本领域的最新动态、新技术、新方法，并能将其应用于实践；培养学生热爱家乡的情怀，树立振兴当地养殖产业的志向；培养学生热爱"三农"的情怀，树立学生服务"三农"的责任感。

任务一　种猪的饲养管理技术

📋 任务目标

知识目标

（1）了解种公猪的饲养管理技术。

（2）了解种猪的繁殖配种技术。

能力目标

（1）能够对种公猪进行人工采精及精液稀释的操作。

（2）能够对种母猪进行人工授精的操作。

📋 任务准备

（一）知识要点

1. 种猪的饲养管理

（1）种公猪的饲养管理　种公猪在养猪生产汇总饲养头数比母猪少，但其对后代数量、生长速度和胴体品质的影响远远超过母猪对后代的影响。在季节性配种的情况下，本交公母比为1：（20～30），按每头母猪平均年产仔2.2窝、每窝平均产仔12头计，每头种公猪平均年产后代528～792头；如人工授精公母比为1：200，每头种公猪平均年产后代5280头。无论是采用本交还是人工授精，每头种母猪平均年产后代20～30头。俗话说："母猪好好一窝，公猪好好一坡"。

种公猪种质量直接影响后代生长速度和胴体品质，生长速度快则可降低养猪生产综合成本，胴体瘦肉率高则受市场欢迎。因此，选择种质好的种公猪并实施科学饲养管理是提高养猪生产水平和经济效益的重要基础。

（2）种公猪的饲养管理技术　饲养种公猪的目标是科学饲养管理，提高精液品质和配种能力，充分发挥其种用价值。

① 营养需要：只有为种公猪提供全面、充足、优质的营养，才能保证其正常的生长发育和理想的配种能力。从营养角度为种公猪的生长发育和生产（采精、配种）提供保障。

a. 营养全面。种公猪的饲料必须做到营养全面，使种公猪保持良好体况，既不过肥也不过瘦，背脊平而不肥。种公猪的日粮应以精料为主，适当搭配青绿饲料，少用碳水化合物含量高的饲料，以防止猪体过肥。更不宜饲喂体积过大的粗饲料，以免将种公猪肚子撑得过大形成腹垂，妨碍配种。

b. 定时、定量、定质饲喂。种公猪的饲喂应做到定时、定量、定质，忌频繁更换饲料。如遇特殊情况必须更换饲料时，也要逐渐进行，不可突变。饲喂量的增减也应循序渐进。一般每头种公猪每日喂料2.5kg左右，日喂2次，自由饮水。可根据品种、体重、采精（或配种）次数等适当增减喂料量。

c. 视情况饲喂青绿饲料及加强营养。为提高种公猪的性欲、射精量和精子活力，可以喂给适量的青绿饲料，但喂量应控制在日粮总量的10%左右（按干物质折算），以免形成草腹，降低种公猪的配种能力。若为季节性配种，应在配种前1个月就开始加料；若为常年配种或利用强度较大时，日粮中维生素E的含量应不低于24mg/kg，硒不宜低于0.1mg/kg。

② 管理技术：

a. 单圈饲养。3～4月龄小公猪已开始有性冲动，如不及时分开饲养，则会因互相爬跨而影响休息、降低食欲，不仅影响其生长发育，还易养成自淫、滑精等恶习，过早失去种用价值。成年公猪更应单圈饲养，否则会因相互爬跨而导致生殖器破裂、出血，影响采精配种。圈门、圈栏要经常检修，以防止公猪跑出。

b. 加强运动。公猪经常运动能加强血液循环，增强体质，促进食欲，保持性欲旺盛。应任其出入运动场或每天驱赶其运动2～4km，驱赶时严禁鞭打。

c. 刷拭猪体。经常用干草和铁刮子刷拭猪体，保持种公猪皮肤清洁和表皮血管扩张，促进血液循环，使猪体舒适，减少寄生虫病的发生。

d. 防治自淫。公猪圈内不要放置活动食槽或杂物，尽量排除一切可能导致种公猪爬跨自淫的条件。

e. 保持猪舍适宜的环境。公猪舍应每天打扫并定期消毒，保持清洁、干燥，光照及温度适宜，要注意训练种公猪养成吃、睡、便"三定位"的习惯。种公猪最适宜的温度为18～22℃，相对湿度为60%～75%。低温虽对种公猪繁殖性能的影响不大，但会增加饲料消耗和疾病的发生率；因此，冬季要做好猪舍的防寒保温。相对于低温而言，高温对种公猪的影响要严重得多，轻者导致种公猪食欲下降、性欲降低，重者会引起精液品质下降，导致少精甚至是无精，降低种公猪的繁殖性能。因此，在炎热的夏季，应注意做好种公猪舍的防暑降温工作。猪舍防暑降温的措施很多，其中以水帘降温最为有效。实际生产中，可根据自身场区情况适当配以通风、洒水、洗澡、遮阳等方法，因地制宜地进行防暑。

f. 加强疫病防控。公猪疫病防控的关键在于科学免疫和日常保健。需要强调的是，由于各地区、各猪场的具体情况不一样，所以猪群的免疫程序也不同。科学的做法是根据各自的条件和实际，在分析猪群抗体监测结果的基础上，制定出适合本场的免疫程序。

g. 规模化猪场还应定期对包括种公猪在内的猪群进行主要疫病的监测，掌握猪群病原感染与带毒状况，严防传染病的发生和流行。定期实施免疫监测不仅可及时掌握猪群的免疫接种效果，还可为免疫程序的调整提供科学依据。

③ 合理利用：正确地利用种公猪将有助于延长其使用寿命，不合理的利用不但会缩短种公猪的种用年限，还会提高种公猪的培育和养殖成本。因此，要最大限度地发挥优秀种公猪的作用和效率，合理利用显得至关重要。

a. 初配年龄和体重。适宜的初配年龄和体重有利于提高种公猪的种用价值。过早配种会影响种公猪本身的生长发育，缩短利用年限，降低其配母猪的繁殖性能；过晚配种会引起种公猪性欲减退，影响其正常配种，甚至使其失去配种能力。种公猪的初配年龄和体重因品种和饲养管理条件等不同而有明显差异。一般来说，我国地方品种公猪性成熟较早，培育品种和杂种公猪的性成熟居中，引进的国外品种性成熟较晚。通常，我国地方品种公猪在7~8月龄，体重75kg以上初配。

b. 利用强度。利用强度在很大程度上会影响种公猪的精液品质和利用年限。种公猪利用过度，会出现体质虚弱、降低配种能力、缩短利用年限；相反，如果利用不够或长期不用，则会出现身体肥胖笨重，同样会导致性欲减退、配种能力低下、繁殖力降低，也不经济。利用强度要根据种公猪的年龄和体质强弱合理安排。一般而言，青年种公猪每2~3d配种1次；2岁以上成年种公猪每天配种1次，必要时也可每天配种2次（2次配种间隔时间需在6h以上），但不能天天如此。如果种公猪每天连续配种，则每周应休息1d。在非配种季节或配种任务较少的时候，要定期（7~15d）采精，以维持种公猪旺盛的性欲，保证精液品质。

c. 使用年限。种公猪的使用年限一般为3~4年（4~5岁），2~3岁正值壮年，为配种的最佳时期。正常运转的猪场，种公猪的年更新率为25%~30%。在一般的繁殖场，如果使用合理，饲养良好，体质健康结实，膘情良好，配种能力和精液品质特别优秀的种公猪，可适当延长使用年限至5～6岁；而在育种场，为缩短世代间隔，加快育种进展，种公猪的使用年限则可稍短一些。对特别优秀的种公猪可采用世代重叠，延长使用年限，以扩大优秀种公猪对猪群的遗传影响，提高猪群选育的效果。

（3）种猪的繁殖配种技术

① 发情鉴定：

a. 发情周期及行为表现。性成熟后的空怀母猪会周期性的出现兴奋，生殖道充血肿胀、黏膜发红、黏液分泌增多，卵巢上有卵泡发育成熟和排卵的现象，这种现象称之为发情。发情持续期是指发情外观症状的出现到外观症状的消失的时间，但发情持续期因季节、品种、年龄、个体的不同而不同。一般情况下，春季发情持续期较短，秋季较长；外来品种发情持续期稍短（但长白猪稍长），地方品种稍长；老龄母猪发情持续期稍短，青年母猪则稍长。发情周期是指从母猪这次发情开始，到下次发情开始所间隔的时间称为一个发情周期。母猪的发情周期一般为18～24d，平均为21d。一个发情周期可以分为几个明显的阶段，即发情前期、发情期、发情后期和休情期。

b. 发情前期。母猪表现为鸣叫不安，兴奋性逐渐增加，体温升高，采食量下降，阴门充血红肿，分泌少量清凉透明液体。母猪卵巢在脑垂体分泌物促卵泡素和促黄体素的刺激下，卵巢有新的卵泡开始生长，其他生殖腺体的活动也开始加强。

c. 发情期。母猪较前期安定，性欲旺盛，爬栏、爬跨其他母猪或接受其他母猪的爬跨，自动接近公猪，阴门肿胀减退，出现皱褶，呈紫红或暗红色，有黏液流出，并变稠，排尿频繁，按压背部时呆立不动。排卵发生在这个时期最后1/3的时间持续到发情后的开始，而排卵的过程大约持续6h。

d. 发情后期。母猪此时各方面行为均趋于正常，明显变得比较安静，拒绝公猪或母猪爬跨，阴门红肿消失，皱缩呈苍白色，无分泌物或有少量黏稠液体，直至发情症状完全消失。排出的卵子运输到输卵管后，在这一时期被送到子宫与输卵管的结合部。

e. 休情期。母猪从这次发情症状消失到下次发情症状出现的时期。休情期母猪的性欲已经完全停止，精神恢复正常，生殖腺体变小，分泌停止。

② 发情鉴定方法：发情鉴定的目的是预测母猪排卵的时间，根据排卵时间进行准确的输精或交配，发情鉴定是提高发情期受胎率的前提。在人工授精中，母猪发情鉴定是个重要的技术环节，只有在正确掌握母猪发情规律，做好发情鉴定的基础上，才能做到适时输精，提高母猪发情期受胎率。

a. 外部观察法。

直观表现：母猪的发情行为十分明显，在发情前会出现食欲减退甚至废绝，鸣叫，外阴部肿胀，精神兴奋，出现爬跨同圈的其他母猪的行为。同时，对周围环境的变化尤其是声音十分敏感，一有动静马上抬头，竖耳静听，并向有声音的方向张望。进入发情期前12d或更早，母猪阴门开始微红，以后肿胀增强，外阴呈鲜红色，有时会排出一些黏液。阴唇闭合不全，中缝弯曲，甚至外翻，颜色由鲜红变为深红或暗红，黏液量变少，且黏稠，能在食指与大拇指间拉成细丝，即可判断为母猪已经进入发情期。

周期推算：对于杂交母猪的发情鉴定，也可以根据母猪发情周期推算，母猪发情周期为21d左右。如果上一个发情期没有配上，就按照发情周期推算出下一个发情期，做到心中有数；虽然杂交母猪发情时没有表现尖叫、食欲减退，爬跨现象不明显，但仍然出现不安、呆立、阴门红肿等现象，饲养员要注意观察，以免错过配种期。

b. 压背反应鉴定法。如果母猪不躲避人的接近，甚至主动接近人，如用手按压母猪后背或骑背，表现呆立不动并用力支撑，或有向后坐的姿势，同时伴有竖耳、弓背、颤抖等动作，说明母猪已经进入发情期，这一系列反应称为静立反应。这时一般母猪会允许人接触其外阴部，用手触摸其阴部，发情母猪会表现肌肉紧张、阴门收缩。触摸侧腹部母猪会表现紧张和颤抖。

c. 试情公猪鉴定法。由于母猪发情变化复杂，特别是初产母猪发情鉴定更难掌握，要根据年龄、外部细微变化、试情等方法综合鉴定。试情公猪鉴定法包括公猪挑选和试情。

公猪挑选：试情用的公猪直接影响试情的效果。因此，试情公猪的挑选尤为重要，应具备以下条件：年龄较大，行动稳重，气味重的公猪；口腔泡沫丰富，善于利用叫声吸引发情母猪，容易靠气味引起发情母猪反应；性情温和，听从指挥，任何情况下都不会攻击饲养员，能够配合饲养员按次序进行检查，且既能发现发情母猪，又不愿离开这头发情母猪。

试情：试情时让公猪与母猪头对头，以便母猪能看到公猪，并能嗅到公猪的气味。由于发情前期的母猪也可能会接近公猪，所以在试情中，应由另一饲养员对主动接近公猪的母猪进行压背反应试验。如果在压背时出现呆立反应则认为母猪已经进入发情期，应对这头母猪做发情开始时间登记和对母猪进行标记。如果母猪在压背时不安稳，则说明该母猪尚未进入发情期或已经过了发情期。如果每天进行一次试情，应安排在清晨，清晨试情能及时地发现发情母猪。如果条件允许，可早晚两次试情。

③ 异常发情：母猪可因气候、营养、疾病和内分泌等因素，表现出异常发情，主要表现为以下几种。

a. 安静发情。安静发情又称隐性发情，是指母猪在一个发情周期内，卵泡能正常发育和排卵，但无发情症状或发情症状不明显。这种情况如不细心观察，很容易失掉配种的机会。年龄过大、膘情过差和各种环境的应激等因素都会使母猪出现安静发情的现象。同时，母猪的安静发情也多发生在后备母猪中，尤其是国外引进品种和杂交种猪，如果不仔细观察，初次发情往往不易被发现。有时当我们发现后备母猪初次发情时，可能已经是其第二次或第三次发情了。在生产实践中，这种母猪要仔细观察，避免错过配种机会。

b. 假性发情。假性发情又称孕后发情，是指母猪在妊娠后的同一个发情周期的时间内又发情，其症状不规则，也不排卵。主要是由母猪生殖激素失调所造成的，当母猪受孕后，妊娠黄体分泌的孕激素减少，而胎盘分泌的雌激素水平较高时，母猪有可能表现出发情症状。另外，在饲料中含有类雌激素毒素时，也会导致母猪表现出发情症状。假性发情的症状一般不明显，也没有压背时的静立反应，不会接受公猪的交配。在生产实践中应仔细鉴别，防止误配引起母猪流产。

c. 持续发情。持续发情是指母猪发情持续时间延长。大大超过了正常的发情时间，有时发情时间长达10d。卵泡囊肿是母猪持续发情的原因之一，卵泡长时间破不了，卵泡壁持续分泌雌性激素，母猪的发情时间就会延长。同时发情母猪如果促黄体生成素分泌不足，母猪排卵时间推迟，也会造成发情期的延长。

d. 短促发情。短促发情是指母猪发情时间很短，甚至只有10h。多见于后备母猪和断奶后超过14d发情的母猪，母猪受环境气候变化和营养等因素的影响，都会造成短促发情的现象，稍不注意就错过了配种的时间。

e. 断续发情。断续发情是指母猪的发情时间较短，间隔数天后又重新表现发情，发情时断时续。后备母猪和经产母猪都可能发生断续发情。这种异常发情因母猪营养不良，卵巢机能发生障碍，造成母猪出现两次发情间隔很短的现象。断续发情一般不易配上种。

④ 确定配种时间：确定最佳的配种时间能提高母猪产仔数和产活仔数。因此，一定要在精子和卵子都具较高受精能力时使其相遇受精，这样才能达到目的。排卵是在发情期内进行的，但肉眼看不到排卵。一般来说，发情母猪允许公猪爬跨后平均31h（24~36h）开始排卵。发情期短的母猪，排卵开始较早；发情期长的母猪，排卵开始较晚。母猪排卵时间一般持续10~15h。要提高配种率，最佳的配种时间是在母猪排卵前2~3h。如交配过早卵子尚未排出，等卵子排出并到达输卵管壶腹部时，精子已失去受精能力（精子在母猪生殖道内保持受精能力的时间为10~20h），达不到受胎的目的。相反，如交配过迟，卵子排出很久精子才到达输卵管壶腹部，卵子已衰老，失去受精能力（卵子在生殖道内能保持受精能力的时间是8~10h），同样达不到受胎的目的。发情期短的母猪甚至还会拒绝交配。因此，饲养员应做好发情鉴定工作，及时找出发情母猪，适时配种。

就品种而言，我国地方猪种发情时间较长，一般为3~5d，配种时间宜在发情开始后2~3d；培育品种母猪发情时间多为2~3d，配种宜安排在发情开始后的当天下午和第二天上午。

（4）人工授精技术

① 采精：

a. 采精前的准备。

采精杯：将盛放精液用的食品保鲜袋或聚乙烯袋放进采精用的保温杯中，工作人员只接触留在杯外的袋的开口处，将袋口打开，环套在保温杯口边缘，并将消毒处理后的2层过滤纸罩在杯口上,用橡皮筋套住,连同盖子放入37℃的恒温箱中预热。

公猪:采精之前,应将公猪尿囊中的残尿挤出。若阴毛太长,则要用剪刀剪短,防止操作时抓住阴毛和阴茎而影响阴茎的勃起,以利于采精。用水冲洗公猪全身特别是包皮部,并用毛巾将包皮部擦干净,避免采精时残液进入精液而污染精液,也可以避免将部分疾病传染给母猪,从而减少母猪子宫炎及其他生殖道或尿道疾病的发生,提高母猪的发情期受胎率和产仔数。

采精室:采精前先将公猪台周围清扫干净,特别是公猪精液中的胶体,防止公猪走动时打滑,造成扭伤,影响生产。安全区应避免放置物品,采精室内避免积水、积尿。

b. 采精方法。采精一般有两种方法,即假阴道采精法和徒手采精法。但目前最常用的为徒手采精法。徒手采精法所需设备简单(如采精杯、手套、过滤纸等),操作简便。具体做法如下:将采精公猪赶到采精室,先让其嗅、拱母猪台,工作人员用手抚摸公猪的阴部和腹部,以刺激其性欲。当公猪性欲达到旺盛时,其将爬跨母猪台,并伸出阴茎龟头来回抽动。此时,若采精人员用右手采精,则要蹲在公猪的左侧,右手戴聚乙烯制双层手套,抓住公猪阴茎的螺旋头处,顺势拉出阴茎,并顺势稍微回缩,直至和公猪阴茎同时运动,左手拿采精杯;将公猪包皮内的尿液挤出后,应将外层手套去掉,以免污染精液或感染公猪的阴茎。若用左手采精,则要蹲在公猪的右侧,左手抓住阴茎,右手拿采精杯。这样做主要是使采精人员面对公猪的头部,能够注意到公猪的变化,防止公猪突然跳下时伤到采精人员。采精的同时,采精人员如能发出类似母猪发情时的"呼呼"声,对刺激公猪的性欲将会有很大的作用,有利于公猪射精。手握阴茎的力度太大或太小都不行,应以不让其滑落并能抓住为准。用力太小,阴茎容易脱掉,采不到精液;用力太大,一是容易损伤阴茎,二是公猪很难射出精液。公猪一旦开始射精,手应立即停止捏动,而只是握住阴茎;射精结束后,应马上捏动,以刺激其再次射精。应注意的是,采精杯上套的2层过滤用的过滤纸,使用前不能用水洗,若用水洗则要烘干。因水洗后,相当于对采得的精液进行了部分稀释,即使水分含量很少,也会影响精子的浓度。

采精结束后，公猪一般会自动跳下母猪台。对于采得的精液，先将过滤纸及上面的胶体丢掉，然后将卷在杯口的精液袋上部撕去，或将上部扭在一起，放在杯外，用盖子盖住采精杯，迅速传递到精液处理室进行检查、处理。

② 精液的检查、稀释、分装与保存：

a. 精液品质的检查。从采精递过来的精液，要马上进行鉴定，以便决定可否留用，从而保证母猪的受胎率和产仔数。检查精液的主要指标有如下几个：精液量、颜色、气味、精子密度、精子活力、酸碱度、黏稠度、畸形精子率等。每份经过检查的公猪精液，都要有一份详细的检查记录，以备对比及总结。

检查前，将精液转移到经37℃水浴锅预热的烧杯中，或直接将精液袋放入37℃水浴锅内保温，以免因温度降低而影响精子活力。整个检查过程要迅速、准确，一般在5~10min内完成。

精液量：后备公猪的射精量一般为150~200mL，成年公猪为200~300mL，有的高达700~800mL。精液量的多少因品种、品系、年龄、采精间隔、气候和饲养管理水平等不同而不同。

颜色：正常精液的颜色为乳白色或灰白色，精子的密度越大，颜色越白；密度越小，则颜色越淡。

气味：正常的公猪精液含有公猪精液特有的微腥味，这种腥味不同于鱼类的腥味，没有腐败恶臭的气味。

精子密度：指每毫升精液中含有的精子量，它是用来确定精液稀释倍数的重要依据。正常公猪的精子密度为2亿~3亿个/mL。精子密度一般用显微镜检查法。在400倍视野下观察精子的密度，判断标准如下：若精子之间的空隙小于1个精子，则原精液一般含有精子3亿~4亿个/mL以上；若精子之间的空隙可容纳1~2个精子，则原精液一般含有精子1.5亿~3亿个/mL。

精子活力：精子活力的高低关系到与配母猪受胎率和产仔数的高低，因此，每次采精后及使用精液前，都要进行精子活力的检查，以便确定精液能否使用及如何正确使用。

精子活力的检查必须用37℃左右的保温板，以维持精子的温度需要。将载玻片和盖玻片放在保温板上预热至37℃左右后，再滴上精液，在显微镜下进行观察。精子活力评定一般采用10级制,即在显微镜下观察一个视野内的精子运动,直线运动的精子占总数的比值,则对应该等级;新鲜精液的精子活力高于0.7为正常;使用稀释后的精液,当活力低于0.6时,则应弃去不用。

畸形精子率:畸形精子指断尾、断头、有原生质、头大、双头、双尾、折尾等精子,一般不能直线运动,不仅受精能力较差,而且影响精子的密度。若通过摄像显示仪观察,则很容易区分。若用普通显微镜观察,则需染色。公猪的畸形精子率一般不能超过20%,否则应弃用。

b. 精液的稀释。经过检查的精液,差的弃去,留品质好的进行稀释处理。优良公猪利用率的高低,关键在于精液处理保存的好坏。处理后的精液和原精液相比,一是扩大了与配母猪头数,能迅速将优秀公猪基因推广开来;二是增加了精液的营养成分,有利于精液的保存;三是便于运输。

稀释液的准备:稀释剂有多种配方,分短效稀释剂和长效稀释剂等。短效稀释剂一般要在3d内使用,否则效果较差。长效稀释剂可保存5~8d,但配种受胎率及母猪产仔数不及短效稀释剂。稀释剂在采精前用双蒸水进行混合溶化,可用磁力搅拌器以促进溶解。然后,在水浴锅内进行预热,备用,精液也要配制好后先贮存,但要在24h内使用完。

精液稀释方法:稀释前,应对自己所需精液的份数进行确定。但一般采用多次稀释法,如150mL原精液加入150mL稀释液形成300mL稀释精液,300mL稀释精液再加入300mL稀释液形成600mL稀释精液。注意每次稀释后,需要检查精子活力,并于15~20min后进行第二次稀释。

稀释时,将稀释液顺着盛放精液的量杯壁慢慢注入精液,并不断用玻璃棒搅拌,以促进其混合均匀;不能将稀释液直接倒入精液,因精子需要一个适应过程。

c. 稀释后精液的分装。精液的分装有瓶装和袋装两种。装精液用的瓶子和袋子均为对精子无毒害作用的塑料制品。瓶装的精液分装时简单方便,易于操作,一般为80mL一瓶。

分装后的精液,要逐个粘贴标签,一般同一个品种贴同一种颜色的标签,便于区分。

d. 稀释后精液的保存。分装后的精液不能立即放入17℃左右的恒温冰箱内，应先留在冰箱外1h左右，让其温度慢慢下降，以免因温度下降过快而刺激精子，造成精子死亡数增多等。放入冰箱时，不同品种的公猪精液应分开放置，否则匆忙中容易拿错精液。从放入冰箱开始，每隔12h要摇匀1次精液，因精子放置时间过长，会大部分沉淀。对于一般猪场来说，可在早晨上班后，下午下班前各摇匀1次。为了便于监督，每次摇动都应有摇动时间和人员的记录。

③ 人工授精：

a. 输精的准备。输精前，精液要进行镜检，检查精子活力、死精率等。死精率超过20%的精液不能使用。精液放在34~37℃的恒温水浴锅中升温10~20min。对于多次重复使用的输精管，要严格清洗、消毒，使用前最好用精液洗1次。母猪阴部冲洗干净，并用毛巾擦干，以免将细菌等带入阴道。

b. 输精方法。输精时，先将输精管海绵头用精液或人工授精用润滑胶润滑，以利于输精管插入时的润滑，并赶一头试情公猪在母猪栏外，刺激母猪性欲的提高，促进精液的吸收。

用手将母猪阴唇分开，将输精管沿着稍斜上方的角度逆时针方向慢慢插入阴道内。当插入25~30cm时，会感到有点阻力，此时，输精管顶已到了子宫颈口，用手再将输精管左右旋转，稍一用力，顶部则进入子宫颈第二至三皱褶处，发情好的母猪便会将输精管锁定，回拉时会感到有一定的阻力，此时便可进行输精。

用输精瓶输精时，当插入输精管后，将输精瓶瓶盖的顶端折断，插到输精管尾部即可输精；用精液袋输精时，只要将输精管尾部插入精液袋入口即可。为了便于精液的吸收，可在输精瓶底部开一个口，利用空气压力促进吸收。输精时输精人员同时要对母猪后腹部或大腿内侧进行按摩，以增加母猪的性欲。

2. 妊娠诊断及分娩接产技术

（1）猪的妊娠诊断　对妊娠的早起确诊可以减少母猪的空怀期或非生产天数，能够提高母猪的平均年产窝数，并有利于及时淘汰低繁殖力母猪或不育母猪。

① 返情检查：一般根据母猪配种后17~24d是否返情来判断是否妊娠。利用

试情公猪对配种17~24d的母猪进行返情检查，如不返情，可初步认为母猪已经受孕。但是这种检查方法的干扰因素较多。当贮藏管理混乱、饲料中含有霉菌等毒素、炎热时，母猪就会出现持续乏情或假妊娠的现象。在这种情况下，配种后通过检查返情情况进行妊娠诊断，有部分母猪就会出现假阳性诊断结果。初次检查判定为受孕的母猪，在配种后38~45d进行第二次返情检查，如仍不返情，其诊断的准确性就会进一步提高。

② 兽用B超仪：兽用B超仪检查的准确性较高。使用B超仪进行母猪测孕的最佳时间段是配种后25~30d。探测时，首先在B超仪探头上涂抹耦合剂。探测部位一般在倒数第一对乳房的后上方或倒数第二对乳头的上方，进行扇形扫描。如果观测到典型孕囊暗区即可判断早孕阳性。如一侧观测不到孕囊暗区，需换一侧再次扫描。如果未扫描到孕囊暗区，可初步判断未受孕。

（2）预产期推算　采用"333"推算法。此法是常用的推算方法，用母猪输精时间（月数和日期）加"3月3周3d"即3个月约为90d，3周21d加3d，一共约为114d。即可得出妊娠母猪的大约预产期。

（3）分娩接产技术

① 接产前的准备：

a. 猪体准备。根据母猪预产期推算，在产前5~7d，就要把母猪赶入分娩栏待产。母猪赶入分娩栏前，应将母猪的体表用温水和肥皂彻底洗刷干净，尤其是腹部、乳房、肢体部及后躯等部位；然后再用消毒药消毒猪体（0.1%高锰酸钾溶液）。

b. 物品用具准备。为顺利接产，需要准备以下物品：0.1%高锰酸钾溶液、5%碘酊、干净毛巾、剪刀、尖嘴钳、耳号钳、注射器、秤、肥皂、生理盐水、催产素、仔猪保温设施（保温箱，电热板，保温灯）等。需做超前免疫的还应准备疫苗。

c. 产房准备。待产母猪于产前一周进入产房，便于熟悉其生产环境，以利于分娩，产房环境安静，防止生人进入。母猪进入分娩前，产房要进行彻底清扫、冲洗、消毒。首先，打扫干净后，用高压水枪把分娩栏及其用具彻底冲洗，特别要注意冲洗缝隙、角落和墙壁等容易脏污的地方，不能留有污垢。产房全部门窗应保持通风，待栏舍内水分全蒸发后，再选用适当消毒液（2%氢氧化钠溶液）彻底消毒。

② 仔细观察母猪分娩征兆：

a. 乳房的变化。母猪在产前15d左右，乳堤隆起，乳房肿胀，由后向前逐渐下垂，临产期前3d，中心膨胀发亮，腹底两侧像带着两条黄瓜一样，乳房呈"八"字形分开并挺立，皮肤紧张，初产母猪的乳头还发红发亮。

b. 乳汁的变化。当母猪前部乳头能挤出乳汁时，约在24h产仔；中间乳头能挤出乳汁，约在12h产仔，最后一对奶头能挤出乳汁时，4~6h产仔。

c. 母猪的表现。临产前母猪阴户肿大，充血，颜色由红变紫。母猪出现筑巢行为（叼草絮窝）。当表现突然停食，呼吸加快，烦躁不安，时起时卧，频频排粪排尿，拉小而软的屎，每次排尿量小，但次数频繁等情况，说明当天即将产仔。

在生产实践中，常以叼草絮窝（距产仔8~16h），呼吸次数每分钟大约由25次增加到80次（距产仔4h左右），尾巴摆动，躺下，四肢伸直（1.5h以内产仔），用力努责，阴户流出沾有血液的羊水（20min以内产仔），所有的乳头能挤出浓稠乳汁，挤时乳汁如水枪似射出，同时阵缩间隔时间渐短等，作为母猪即将产仔的主要症状，一旦有分娩征兆，则应做到人不离猪。

③ 详细记录分娩持续时间和出生间隔：一天中要对母猪进行多次检查。母猪分娩持续时间平均为2.5h（40min~5h），超过8h可能是难产。两仔猪分娩间隔平均为16min（5~30min），如果母猪安静，仔猪相隔几分钟出生，说明产仔正常。相反母猪十分烦躁不安，极度紧张，不断努责，显得十分吃力，并且产仔间隔在45min以上，可能是难产，就必须引起足够重视。产仔间隔越长仔猪就越不健康，早期死亡的危险性就越大。为此，要准确记录两头相邻仔猪出生间隔的时间。

④ 注意做好人工助产：母猪分娩时一般不需要帮助，分娩过程中决定是否需要助产至关重要，掌握起来有一定难度。一方面，不需急于助产，因为助产会增加产道感染的危险性；另一方面，如果分娩过程不顺利，又没有及时进行助产，不仅会增加死胎率，降低仔猪生活力，而且还会造成母猪死亡。

a. 母猪难产的判定。首先看它是否烦躁、极度紧张、剧烈努责和出生间隔时间大于45min。其次还要看它的腹部饱满程度（是否还有仔猪）和它所产仔的数量来确定母猪分娩是否结束。如果出现以下三种迹象：已经顺利出生一头或几头仔猪，但母猪不再用力的时间已超过45min；母猪羊水已经流出并不断努责，但是已超过至少45min还没有仔猪产出；所有出生仔猪的黏液都已经干了，但饲养员仍能确定母猪体内有仔猪。则说明母猪难产。

　　b. 助产方法。当确定需要助产时：助产者应用温水和消毒剂（新洁尔灭、氯己定等）或肥皂洗母猪的阴户及周围的部分，去掉有机物和污物。手和胳膊要戴新的经过消毒的长臂手套并涂上润滑剂（如液状石蜡），将手卷成锥形，当母猪不努责和产道扩张时胳膊才能进入。如果母猪右侧卧，就用右手，反之用左手。将手用力压，慢慢穿过阴道，进入子宫颈，子宫在骨盆边缘的正下方。手一进入子宫常可摸到仔猪的头或后腿，要根据胎位抓住仔猪的后腿或头或下巴慢慢地把仔猪拉出。注意，不要将胎盘和仔猪一起拉出。如果两只仔猪在交叉点堵住，先将一只推回，再抓住另一只拖出。注意，不可将阴门、子宫颈和子宫碰伤。如果胎儿头部过大，骨盆相对狭窄，用手不易拉出，可用打结的绳子伸进仔猪口中套住下巴帮助拉出。如果通过检查发现产道内无仔猪，可能是子宫阵缩无力，胎儿仍在子宫角未下来，这时可用催产素，促使子宫肌肉收缩，帮助胎儿尽快出生。要准确掌握剂量，一般注射剂量为30～50单位，编者试用阴唇内侧注射20单位，效果很好，不仅发挥作用快，而且还能节省用量。如果30min仍未见效，可第二次注射催产素。如果仍然没有仔猪出生，则应驱赶母猪在分娩舍附近活动，可使产道复位以消除分娩障碍，使分娩过程得以顺利进行。助产后必须给母猪注射抗菌药物，防止泌尿生殖道感染，引起无乳或少乳。

　　⑤ 认真做好分娩护理：临产前，用0.1%高锰酸钾溶液清洗母猪体表，尤其是乳房、外阴及臀部，检查乳头是否被"乳塞"堵住，并清除之。同时将所有乳头头几滴奶挤掉。

　　仔猪出生后应立即将其口、鼻黏液清除擦净。当仔猪裹在胎衣里，先出一个大水泡时，就要尽快撕破胎衣，把仔猪从胎衣中取出来；当胎膜盖住鼻子和嘴时，要及时把胎膜从仔猪鼻子和嘴上扳开，并用抹布将猪体身上的羊水擦干或在猪体上涂一层"洁体键"或"密斯陀"。

另外,要做好"假死"胎儿救助工作。"假死"是指心脏仍有跳动而呼吸停止,舌伸出口外,其原因多是因产程过长,羊水呛到肺里,或黏液堵住鼻孔,无法正常喘气。为此,首先要用毛巾将口鼻部黏液擦干净,然后进行人工呼吸。人工呼吸有几种方法,一是左手倒提仔猪后腿,右手有节奏轻轻拍打其胸部,使黏液从肺中排出。二是让仔猪四肢朝上,一手托住肩部,一手托住臀部,一屈一伸,反复进行,直到出现叫声和呼吸为止(屈伸动作应与猪的呼吸频率相近,每分钟50~60次)。

⑥ 先挤脐带血后断脐:先将脐带内的血向仔猪腹部方向挤压,其方法是:一手紧捏脐带末端,另一手自脐带末端向仔猪体内抒动,每秒一次,不要间断,等脐动脉停止跳动时,距仔猪腹部4指处,用拇指甲钝性掐断脐带,并在断端处涂上5%碘酊(不要涂2%的人用碘酊),再在脐带上涂布"洁体键"或"密斯陀"有利用于干燥。注意,如无脐带出血,不要结扎,因结扎脐带后,断端渗出液排不出去,不利于脐带干燥,反而容易招致细菌感染。另外,要及时断脐,否则脐带拖之地面,很容易被蹄踏踩而诱发"脐疝"。

⑦ 吃好初乳:众所周知,人类胎儿是通过母体胎盘获得免疫球蛋白(一种抗病蛋白)。母体血液循环系统中的抗体能自由穿过胎膜进入胎儿体内,由母体的抗病能力和类型来保护出生的胎儿。而猪的胎盘(6层)是上皮绒毛膜型的,这种胎盘阻止母猪抗体通过胎盘直接传递给胎儿,新生仔猪出生时没有抵抗病原体的免疫力。所有初生仔猪最初的免疫力都是出生后从母猪初乳那里获得的,被称为被动免疫。仔猪必须在出生后12h内吃到含抗体丰富的初乳,尤其是头6h内更重要,这是因为此时初乳中不仅抗体水平高(免疫球蛋白多,在4~6h后很快下降),而且此时的免疫球蛋白不必经过消化就能完全地被消化道吸收到血液中。仔猪出生后对免疫球蛋白的完全吸收能力仅可持续12~18h,18h后,免疫球蛋白必须分解后才能被吸收进血液,所以要尽快吃初乳。饲喂初乳6次可使仔猪获得充分的免疫保护。

⑧ 防压、防寒、防饥饿,搞好寄养,注射铁制剂:初生仔猪,最危险的时期是生后的头2~3d,多数被冻死、饿死或压死,有60%~80%的断奶前死亡发

生在这个关键时期。如果在出生后前几个小时加强对仔猪的护理，就能救活许多后来可能会死亡的仔猪，尤其是弱仔。关键是防压，防寒冷，防饥饿，有的小猪被挤压而造成肝破裂，肋骨骨折，穿透肺脏。有的弱仔因吃不到奶而患低血糖被饿死。为此要采取适当措施降低因这些特殊原因而导致的死亡。如将仔猪放在有红外线加热灯的保温箱内，帮助体重低于0.9kg的弱仔尽快吃上初乳，应将他们放在单独的乳头下面，以利于吃奶，如果得不到及时护理，遇到寒冷的天气，仔猪将在3d内死亡。还要为无乳或少乳母猪所产仔猪尽早找"奶妈"寄养。寄养必须确保吃足初乳，寄强不寄弱，且应在生后24~48h内寄养，并用2%来苏儿喷洒寄养母猪及被寄养仔猪，或在仔猪身上涂抹代养母猪的尿液。为防止缺铁性贫血，可于出生后3d注射腾骏"血丰"（10%右旋糖酐铁复方注射液）或三晶牌"牲血素"1mL（不要注射过早，否则不易吸收），用9号20mm针头颈部或股内侧肌肉注射，对弱仔可于10d后再注射一次。

（二）工具与材料

当日新采精液。

训练任务

（一）任务安排

分组：以学习小组的形式对精液进行稀释。

（二）任务要求

在稀释精液的过程中，须掌握精液稀释的步骤。

思考与练习

简述精液稀释倍数的计算方法。

考核评价

种猪的饲养管理技术学习和实操任务考核评价内容和评分标准见表4-1（以小组为单位考核）。

表4-1 种猪的饲养管理技术学习和实操任务考核评价表

考核项目	内容	分值	得分
技能操作（50）	了解公猪精液的稀释倍数计算方法	10	
	掌握精液稀释的步骤	40	
学习成效（25）	拓展作业	5	
	实习小结	5	
	记录表	5	
	实习总结	5	
	小组总结	5	
思想素质（25）	安全规范生产	5	
	纪律出勤	5	
	情感态度	5	
	团结协作	5	
	创新思维（主动发现问题、解决问题）	5	
合计		100	
评价人员签字	1. 任课教师：　　　　2. 实习指导教师： 3. 专业带头人：　　　4. 园区（企业或行业）技术员：		

备注：在稀释精液的过程中，如不按规定操作，视情节和态度扣除个人成绩20~40分，小组成员同时扣除安全规范生产及团结协作成绩。

任务二　仔猪及保育猪的饲养管理技术

任务目标

知识目标
（1）了解吃初乳的意义。
（2）了解温度对于仔猪的重要性。

能力目标
（1）能够进行剪牙断尾及断脐操作。
（2）能够计算保育猪的饲养密度。

任务准备

（一）知识要点

1. 仔猪的饲养管理

（1）吃足初乳　初乳对于仔猪最为重要，一方面，它为仔猪提供免疫抗体，帮助仔猪抵抗各种传染病；另一方面，初乳的营养物质最丰富，可以为仔猪的成长发育提供足够的物质基础。仔猪出生后，在擦干黏液，断脐消毒后，要立刻帮助仔猪吃初乳。

仔猪及时吃足初乳有以下三方面好处：

增强适应能力：仔猪能及时吃足初乳，可增强体质和抗病能力，从而提高对环境的适应能力；

促进排胎便：初乳中含有较多镁盐，具有清泻性，可促进胎便排出；

有利于消化道活动：由于初乳的酸度高，可促进消化道的活动。因此，吃不上初乳的初生仔猪很难养活，即使勉强活下来，往往因为发育不良而形成僵猪。

（2）断脐　妊娠期间，胎儿经由脐带获得营养。仔猪脱离产道后，脐带将成为细菌侵入初生仔猪的一条通道，若操作不当，会造成细菌感染。断脐方法是，先用手将脐带中的血挤回仔猪的腹部端，然后用手指或钝器将脐带剪断，长度以仔猪站立脐带不着地为准。为防止感染，剪断脐带后须用2%碘酒消毒。如发生脐部出血，用一根线将脐带绑紧。

（3）剪犬齿及断尾　仔猪生后就有成对犬齿，仔猪的牙齿不影响吃奶，但由于吃奶时争抢乳头而咬痛母猪或其他仔猪的脸，会造成母猪不安心喂奶而压死仔猪。所以，在仔猪出生后马上用消毒钳从根部切除犬齿，要注意切断面平整。用于育肥的仔猪出生后，为了预防育肥期间的咬尾现象，一般在剪犬齿的同时进行断尾。断尾的方法是用消毒过的钳子剪去仔猪尾巴的1/3，然后涂上碘酒，防止感染。

（4）固定乳头　仔猪有专门吃固定奶头的习性，开始几次吃一个固定乳头，直到断奶都不变。为提高仔猪成活率，使全窝仔猪生长发育均匀健壮，应在仔猪生后2~3d内，进行人工辅助固定乳头。固定乳头宜以仔猪自选为主，人工控制为辅，特别是要控制强壮仔猪乱抢乳头。一般把强壮仔猪放在一边，待其他仔猪找好乳头后，母猪开始放奶后再立即把它放在指定的乳头上吃奶。

（5）防寒保温　哺乳仔猪调节自身温度的能力差，特别怕冷，在寒冷季节必须做好防寒保温工作。近年来在一些大型养猪场采用红外线灯取暖方法效果不错。一般是在保温箱内悬挂红外线灯，功率在250W左右，根据所需温度不同灯的高矮也不同，照射时间也根据环境温度变化而变化。采用红外线灯取暖方式，既可以为仔猪提供适宜的温度，也不影响母猪，是很值得推广的取暖方式。

（6）防止压踩　仔猪被母猪压踩死亡是非病死亡的最主要因素，可占到初生仔猪死亡总数的1/5，一般在出生后4d以内居多，而以出生第1天最为多见，在没有任何限制的圈舍内更加严重。因此，减少仔猪被压死踩死，可极大地提高哺乳仔猪的成活率。

防压措施有以下几方面：

① 设母猪限位架：有条件的，母猪产房内设有排列整齐的分娩栏，在栏的

中间部分是母猪限位栏，供母猪分娩和哺育仔猪，两侧是仔猪吃奶、自由活动和吃补助饲料的地方。母猪限位架的两侧是用钢管制成的栏杆，用于拦隔仔猪，栏杆长为2.0~2.2m，宽为60~65cm，高为90~100cm，由于限位架限制了母猪大范围的运动和躺卧方式，使母猪不能"放偏"倒下，而只能先腹卧，然后伸出四肢侧卧，这样使仔猪有个躲避的机会，以免被母猪压死。

② 保持环境安静：产房内防止突然的响动，防止闲杂人等进入，断齿，固定乳头，防止因仔猪乱抢乳头造成母猪压踩仔猪的机会。

③ 加强管理：饲养员要细心管理母猪和仔猪，一方面要让母猪泌乳旺盛，另一方面要给仔猪设置保温箱，在仔猪出生1~2d内，将仔猪关入箱内，定时放奶，可降低仔猪被压死的概率，2日龄后仔猪吃完奶便自动到保温箱中休息，尽量减少与母猪的接触机会。另外产房要24h看管，一旦发现仔猪被压，立即哄起母猪救出仔猪。

（7）补铁补硒　仔猪体内缺铁就会影响自身的造血。而初生仔猪体内储备的铁很少，从母乳中能得到的数量也有限。另外，仔猪缺硒易发缺硒性下痢、肝坏死、白肌病、水肿病等。因此，必须给仔猪补铁补硒。其方法有多种：

① 仔猪生后3d内，颈部或臀部肌肉注射右旋糖酐铁钴注射液和亚硒酸钠维生素E注射液，也可以用铁、硒合剂，如"牲血素""富铁力"等，使用剂量要根据产品说明而确定。

② 在栏内撒一些干净的红黏土，让仔猪自由采食，以补铁的不足。

（8）补食补水　仔猪两周龄后母乳已不能满足仔猪生长发育的要求，解决办法就是补给高营养的乳猪料，同时早补料可以锻炼仔猪的消化器官及其消化功能，能促进胃肠发育防止下痢，为仔猪断奶打好基础。一般在5~7日龄开始诱食，使用补饲料槽，每天不少于6次，用全料颗粒料加水成糊状抹在仔猪嘴里，让仔猪习惯后自行在补料期间采食，应注意及时清除补料槽中仔猪屎尿并进行有效消毒。

2. 保育仔猪的饲养管理

（1）进猪前的准备　待转猪舍转猪前空栏并彻底清洗和消毒，地面和每一栏的漏缝地板都要刷石灰水，晾干（舍内不见一滴水），空栏5d方可进猪。检查保育舍房间内所有设备是否齐备，所有的栏门插销是否有缺失，料槽是否清理干净，围栏内设备是否有损坏或异常。检查每个粪槽排污口是否都用球塞堵住，是否漏水，如果没有堵上用球塞将排污口堵好。向粪槽注入3cm高的水。准备好围栏，关上栏门，但不要将面向入口处的门关上，为进断奶小猪做好准备。检查是否干燥，如果有水或消毒液则将其清除。调整料槽调校器直到将饲料出口全部关闭。将饲料输送管下料管调到料槽的上方，将其降至距料槽底部上方15cm处。将乳头式饮水器调低至距地面225mm（质量为5.5kg的断奶猪肩高）。开启通风系统检查风扇加热器和抽风送风系统是否正常运转，按照饮水系统给药，操作程序：准备好一桶水溶性药品溶液，根据推荐的剂量给猪饮用。根据气候的变化和猪只的大小，做好防暑降温工作，控制好舍内、栏内的温度为24~28℃。

（2）进猪后的管理工作

① 温度、湿度和通风的控制：冬季室温不低于22℃，夏季不高于34℃。要求温度恒定，转入后0~7d，舍温保持在26℃以上；7~14d保持在24℃以上；14~21d保持在22℃以上；22d以后不低于20℃在保育舍墙壁放置温度计，观测温度、湿度的变化。对于自动化控温系统要适当调节，根据设定的温度、湿度和空气质量标准，实施有效通风，创造适宜环境（以猪群躺卧姿势为参照）。

② 做好分群工作：仔猪转群后情绪不安，为减少应激，最好先把所有猪只都放在一栏内再分群。转入时按仔猪强弱、大小分群：第一、第二排放大猪，第三、第四排放种猪，第五排放小猪，第六、第七排放大猪。还应公母分群饲养，力求同一栏仔猪尽量均匀。每间至少1个隔离栏，1个恢复栏，以便于把生病的、体质弱的猪挑出单独饲养治疗。

③ 饲料的过渡：仔猪断奶后是生长发育的关键阶段，既对营养需求大，消化机能又不完善。生产实践中，为减少断奶仔猪对饲料过渡的应激，常采用3个阶段的饲料进行饲喂。断奶仔猪转入的头7d使用哺乳料。然后再采用一定比例逐渐过渡到育成料。饲料品种的变更须有5~7d的适应过渡期。为防止在饲料过渡时产生应激、拒食，应使用稀粥来饲喂，同时在水中加入电解多维（营养添加剂）和葡萄糖，避免因换料而产生掉队猪。换料引起的仔猪腹泻，应在水中添加

口服补液盐，或在饲料中添加助消化药物以达到平稳过渡。

④ 仔猪调教与病弱猪的护理：仔猪入住后3d内加强对进猪的定位调教。训练猪群吃料、睡觉、排便三定位，保持圈舍卫生。进猪后可按压饮水器引导猪只去饮水，将猪赶到固定墙角排泄粪便，让其形成习惯，以保持整个猪舍的卫生。

对猪群的健康状况每天必须细心观察。及时发现健康不良的猪，有咳嗽、拉稀、被毛凌乱、呼吸困难、消瘦等情况应做好标记并记录。

⑤ 饲喂方法：刚断奶的仔猪影响其生长发育的关键在于饲喂量。如果颗粒料饲喂过多，胃肠疾病就很容易产生，比如下痢、消化不良等；其次为了不影响正常的健康生长，要保证猪采食到足够的饲料。因此，断奶后7d内要饲喂湿拌料，少喂勤添。

根据采食情况投料。如果喂量正好，饲槽中仅剩一点碎料屑；如果喂量不足，槽内将会看不见一点饲料；如果喂量过多，槽内就能看见较多饲料。

根据排粪状况投料。仔猪的喂食前排粪量多，多投一些料，说明消化率高；排粪量少，少投点料，说明猪采食量较低。

根据活动情况投料。仔猪表现饥饿时，听见声音就会蜂拥而至，并且叫声不断，因此要多添加一些饲料。仔猪表现不太饥饿时，喂料时不到槽边，且叫声弱而小。

（3）转入育肥舍前的准备

① 温度的改变：保育转育肥后环境有明显的改变。育肥舍相对于保育空间更大，所以温度偏低。需要将保育舍环境温度提前调整至育肥舍当前的环境温度，减小应激以便更快地适应育肥舍环境。普遍做法是在转群前一周将温度缓慢降低，接近育肥舍所能达到的温度（温度差异最好在2℃内）。

② 预防应激：保育转育肥当天由于猪群经过剧烈的运动和大环境的改变，容易对猪群产生惊吓，导致转入育肥后出现少食、精神萎靡、拉稀等现象。所以在转育肥前2h在水中添加适当的电解多维提高体质，减缓转群造成的影响。

③ 病弱猪的分离：在转育肥前优先将健康猪转入育肥舍，待大群转入完毕将病弱猪单独转出，并且转出时避免过度的刺激和挤压导致病弱猪的死亡。

转入育肥后病弱猪应单独放置在房间中间位置，因此地温度变化较小，利于恢复。

（4）了解育肥猪转入前的工作　育肥猪是从20~25kg（9周龄）开始，一直到出栏（110kg）为止的猪。按生长和发育阶段，育肥猪可分为三个时期：体重20~35kg为生长期，35~60kg为发育期，60kg到出栏销售为育肥期。育肥猪管理目标：成活率98%，日增重800g，料肉比2.65∶1，出栏日龄180d，出栏体重120kg。

育肥栏舍进猪前的准备工作如下。

① 清理：严格执行全进全出，本栏舍的上批仔猪全部转出后，及时对栏舍进行彻底清理，包括拆除一切没必要存在的或有可能对猪只造成伤害的"危险"用具、物品、药品等；清理粪沟。

② 冲洗：转群完后必须24h内冲洗干净，包括料槽、围墙、天面、卷帘、地板及各种用具，冲洗做到物见本色。

③ 维修：清洗干净后24h内，维修工必须对栏舍的栏架、料槽、饮水系统、喷淋系统、照明及保温设施、卷帘等进行维修，并认真填写检修记录，未检修的猪栏不能进行消毒。

④ 消毒：兽医或者技术主管必须对每个猪栏的空栏清洗、空栏检修情况进行检查并验收，不合格部分及时整改，整改合格后用3种不同类型的消毒药进行3次消毒，消毒药要精准称量后正确配用，彻底喷湿猪栏的各个角落，每次消毒间隔至少12h以上，保证消毒效果。最后用石灰乳彻底喷白。经一周的空舍净化后调整舍内环境（温度、湿度等），做好接猪的准备。

3. 育肥猪的管理工作

（1）育肥猪日常管理

合理组群：刚转进的育肥小猪转入12h内根据其体重大小、日龄、强弱等进行合理组群，组群后要继续注意观察猪群，以减少小猪争斗现象的发生。

① 卫生定位：从小猪转入之日起就应加强卫生定位工作，此项工作一般在小猪转入1~3d内完成，越早越好，使得每一栏都形成采饮区、休息区及排粪区的三区定位。

② 采用自由采食的饲喂方法：少量多餐。每次投料前仔细观察料槽余料情况，吃光了再投料，每次投料不能超过料槽的1/3，以免上一餐剩余的旧料发臭、发霉，杜绝人工的不合理浪费。

③ 饲料过渡：在生产中可根据猪群的整体情况灵活掌握，对于病弱猪只可适当延长饲喂乳猪料或饲料过渡的时间，而对于转群体重较大、强壮的仔猪则可反之。

④ 定期驱虫：一般在80～85日龄左右驱虫1次。

⑤ 详细记录：每天要认真观察猪群的采食、饮水和排粪情况，上下午至少各1次，发现不吃料、发烧、打架咬伤、死猪等异常情况，要及时采取相应措施，并向兽医或者技术主管报告。小猪或弱猪及早隔离单栏饲养，加喂湿料或者其他营养品，冬季要加强保温。

⑥ 做好栏舍内外卫生：每天对走廊、栏舍内栏杆打扫1次，猪粪清理2次，视具体情况1周冲栏1～2次。保持地面清洁、干燥，设备、设施无尘；用具物品整齐摆放，有标识；坚持每周带猪消毒1次。栏舍外全场道路及粪沟用石灰乳喷洒消毒每7～10d/次。

（2）育肥栏舍环境控制

① 湿度：空气湿度过高使空气中带菌微粒沉降率提高，从而降低咳嗽和肺炎的发病率，但是湿度过高则又会导致病原微生物和寄生虫的滋生。因此，建议猪舍内的相对湿度以50%～70%为宜。

② 温度：在高温的情况下，猪体温升高，内分泌机能减弱，而体内氧化作用加强，造成代谢产物在体内累积，肝脏解毒作用减弱。过冷则会引起呼吸系统和消化系统抵抗力降低，从而引起呼吸道疾病和肠炎、下痢等疾病。育肥猪生长最适宜的温度：体重60kg以下为16～23℃（最低14℃）；体重60～90kg为14～20℃（最低8℃）；体重90kg以上为12～16℃（最低10℃）。

③ 密度：实践证明，15～60kg的生长育肥猪所需的面积为0.7～1.0m^2；60kg以上的育肥猪每头所需的面积为1.0～1.2m^2；每2头育肥猪要有25～40cm长的料槽，每栏头数以18～23为宜。

④ 通风换气：猪舍在任何季节都需要通风换气，特别是在冬季，同时冬季

还要注意防止"贼风"的出现。猪舍内气流以0.1~0.2m/s为宜，最大不要超过0.25m/s。

⑤ 噪声：噪声强度以不超过85dB为宜，否则会使猪只活动量增加，从而影响增重，还会引起猪只的惊恐，降低食欲。

（二）工具与材料

分娩3d内的仔猪。

训练任务

（一）任务安排

分组：以学习小组的形式对初生仔猪进行剪牙断尾。

（二）任务要求

在剪牙断尾的操作过程中，须牢记操作步骤。

思考与练习

阐述在剪牙断尾的操作中消毒工作的重要性。

考核评价

仔猪及保育猪的饲养管理技术学习和实操任务考核评价内容和评分标准见表4-2（以小组为单位考核）。

表4-2　仔猪及保育猪的饲养管理技术学习和实操任务考核评价表

考核项目	内容	分值	得分
技能操作（50）	了解剪牙断尾的目的	10	
	掌握对初生仔猪进行剪牙断尾的步骤	40	
学习成效（25）	拓展作业	5	
	实习小结	5	
	记录表	5	
	实习总结	5	
	小组总结	5	
思想素质（25）	安全规范生产	5	
	纪律出勤	5	
	情感态度	5	
	团结协作	5	
	创新思维（主动发现问题、解决问题）	5	
合计		100	
评价人员签字	1. 任课教师：　　　　2. 实习指导教师： 3. 专业带头人：　　　4. 园区（企业或行业）技术员：		

备注：在对初生仔猪进行剪牙断尾的操作中，如不按规定操作，视情节和态度扣除个人成绩20～40分，小组成员同时扣除安全规范生产及团结协作成绩。

小　结

一、知识框架

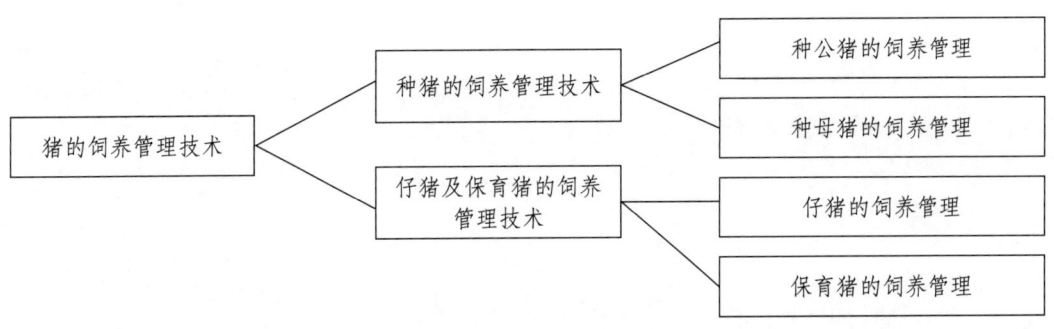

二、综合测试

（一）名词解释

母猪发情周期、假性发情。

（二）填空题

1．"333"推算法中分别代表_____月_____周_____天。

2．初乳的作用包括_____、_____、_____。

（三）简述题

1．简述种母猪和种公猪的饲养管理特点。

2．简述仔猪的饲养管理特点。

3．简述发情期各时期的特点。

模块五　猪营养需要及生态型饲养技术

模块目标

1. 理解猪在生长发育过程中营养需要的特性。
2. 掌握生态型饲料配制方法及饲养技术。
3. 掌握生态养殖过程中中草药添加剂在饲料中应用。
4. 具备理解猪的营养需要的能力。
5. 具备生态型饲料配制方法及饲养技术的能力。
6. 具备中草药添加剂在饲料中的使用能力。
7. 培养热爱农牧行业，具备追求卓越、精益求精的精神；具备不断学习的能力和习惯，了解本领域的最新动态、新技术、新方法，并能将其应用于实践；培养热爱家乡的情怀，树立振兴当地养殖产业的志向；培养热爱"三农"的情怀，树立服务"三农"的责任感。

任务一　猪营养需要

任务目标

知识目标

（1）掌握猪营养需要的蛋白质、碳水化合物、脂类、维生素、矿物质及水的作用。

（2）了解猪维持营养需要。

能力目标
（1）具有理解猪的营养需要的能力。
（2）具有理解猪维持营养需要的能力。

📋 任务准备

（一）知识要点

1. 营养需要概述

动物的生存、生长和繁殖等机体多种代谢功能都离不开营养物质。猪所需营养物质可以分为六大类：蛋白质、碳水化合物、脂类、维生素、矿物质和水。

（1）蛋白质　蛋白质是细胞的重要组成部分，在生命过程中起着重要的作用，动物的组织器官在生长和更新过程中，必须从食物中不断获取蛋白质等含氮物质。食物中的蛋白质，进入猪的消化道后，需经多种酶的作用分解为氨基酸和多肽，然后经血液循环被吸收利用。现已知的氨基酸有22种，其中一部分不能在机体内合成或合成数量很少，需要从食物中摄取，这类氨基酸叫必需氨基酸。饲粮中蛋白质不足时会严重影响猪的生长发育，降低繁殖率和机体免疫力。主要表现为食欲不振、采食量下降、生长受阻、体重下降。另外，还有的表现为母猪发情异常、胎儿发育不良、死胎、仔猪弱小等。饲粮中蛋白质过多同样会造成不利影响，不仅增加饲养成本，造成不必要的浪费，长期饲喂还会引起代谢紊乱和蛋白质中毒，因此应根据猪的不同生长阶段及生理状态，合理供给蛋白质。

（2）碳水化合物　碳水化合物是多羟基的醛、酮或其简单衍生物以及能水解产生上述产物的物质总称。它是一类重要的营养素，因来源丰富、成本低，在猪的养殖中是主要能源物质。碳水化合物在体内经过生理氧化作用，分解成二氧化碳和水，同时产生热量，为猪的呼吸、运动、循环、消化、吸收等各种生命活动提供能量。多余的碳水化合物还会转化成脂肪贮存在体内，形成皮下、内脏周围等处的脂肪组织。碳水化合物是植物性饲粮干物质的主要成分，包括无氮浸出物和粗纤维，无氮浸出物主要由糖和淀粉组成，若饲粮中糖分过多，会使育肥猪体内脂肪积蓄过多而长得过肥，从而降低胴体质量。粗纤维可以增强胃肠蠕动，促进消化，防止腹泻和便秘。一些寡糖如甘露寡糖、果聚寡糖等通过饲粮进入猪体内后，胃肠道中的致病菌会与之结合，随食糜一起排出体外，从而保护机体免遭这些致病菌的侵害。

（3）脂类　脂类是含能最高的营养素，生理条件下脂类含能是蛋白质和碳水化合物的2.25倍左右。猪的养殖过程中基于脂肪适口性好、含能高的特点，常用补充脂肪的高能饲粮来提高生产效率。脂类中的必需脂肪酸（如亚油酸、亚麻油酸和花生油酸等）是生物体细胞膜、线粒体膜和核膜等生物膜脂质的重要组成部分，在绝大多数生物膜的功能特性中起关键作用。脂类作为溶剂对脂溶性维生素的消化吸收极为重要。有研究发现，饲粮中含0.07%的脂类时，胡萝卜素吸收率仅为20%；饲粮中脂类含量提高到4%时，则胡萝卜素吸收率高达60%；当饲粮中脂肪含量低于0.6%时，猪会出现脂肪缺乏症，从而导致生长不良、发育迟缓、脱毛等症状，加入1.5%的植物或动物性脂肪，可迅速恢复生长和发育。

（4）维生素　维生素是维持猪的生命活动、健康与生产必不可缺的低分子有机化合物，它是许多酶的重要组成成分，参与各种物质的代谢，调节体内各种生理机能的正常进行。主要有脂溶性维生素，如维生素A、维生素D、维生素E、维生素K；水溶性维生素，如生物素、胆碱、叶酸、烟酸、泛酸、核黄素、硫胺素、维生素B_6、维生素B_{12}和维生素C。如果缺乏维生素时，会引起猪的代谢紊乱、生长停滞、抗病力下降、母猪不孕或者流产等症状。维生素D缺乏会使猪骨骼发育不良，发生佝偻病，而维生素E的缺乏会严重影响猪的繁殖能力，造成流产、死胎等。

（5）矿物质　猪需要的各种矿物质按其在体内含量的不同，可分为常量元素和微量元素两大类。其中常量元素在体内含量较多，占体重的0.01%以上，其中包括氯、钾、钠、钙、磷、镁、硫。微量元素在体内含量较少，占体重的0.01%以下，其中包括铜、铁、锌、锰、碘、硒。

① 钠和氯：饲粮中加盐是为了提供钠和氯。过量的盐有毒，尤其当供水不足时或溶解盐的浓度过高时，毒性更大。饲粮中含盐量不应超过2.5%。

② 钙与磷：饲粮中应注意钙磷的需要量以及钙磷的比例。钙磷的最适宜的比例为（1.0~1.5）:1。

③ 铜：饲粮中铜超过250g/t，饲喂几个月会引起中毒。当饲喂100~200mg/kg的铜，能促进猪的生长。

④ 铁：现已证明，母乳的低铁含量可有效地防止微生物繁殖和肠道病发生。哺乳仔猪补铁是非常必要的，首选的补铁法是给初生3d内的仔猪注射100~200mg的右旋糖酐铁（生血素）。

⑤ 锌：在断奶猪饲粮中添加高水平氧化锌（锌量达3g/kg）能预防仔猪下痢。需要注意的是饲粮中过量的钙会引起锌的缺乏。

⑥ 锰：猪锰的需要量非常低，生长肥育猪为4g/t，种猪为40g/t。

⑦ 碘：碘化钾和碘酸钙是饲粮中有效的碘补充形态，饲粮中补充0.14mg/kg的碘即可满足猪的需要。

⑧ 硒：饲粮中的含硒量主要取决于种植谷物饲粮的土壤。用来自缺硒地区的饲粮配制的饲粮应补充硒，一般猪饲粮中添加0.3mg/kg硒便可满足机体需要。

（6）水　水是重要的营养成分，缺水比其他养分不足对猪的影响和危害更大。猪所需要的水来自饮水、饲粮水及体内代谢水。饮水是最主要的来源，一般占所需水量的85%~95%。饲粮中水的含量因饲粮不同差异极大，新鲜的植物性饲粮中含有较多的水分，可为机体提供充足的水分。体内养分在代谢过程中所产生的水占总需要量的5%~10%，是严重缺水情况下的主要来源。养猪生产中，若是喂生干料、生拌料，应同时喂给清洁的饮水，如大量喂青绿多汁饲粮，可不额外补充水。一般说来，按饲粮干物质计算，每喂给1kg干物质，应供给不少于2L的水。夏季应多些，冬季则少些。

2. 维持营养需要

维持需要是指动物在维持状态下对能量和其他营养物质的需要，营养物质满足维持需要的生产利用率为零，这种需要仅维持生命活动的基本代谢过程。在动物生产中,维持需要属于非生产需要,但又是必不可少的部分,合理平衡维持需要与生产需要之间的关系,尽可能减少维持消耗,可提高生产效率。研究维持需要也是剖析影响动物代谢有关因素,阐明维持状态下营养素的利用特点,寻求生理条件下营养素的代谢规律和进一步探索提高营养素利用效率的重要手段和方法。

(1)维持的能量需要

① 基础代谢:指健康正常的猪在适温环境条件下,处于空腹、绝对安静及放松状态时,维持自身生存所必要的最低限度的能量代谢。基础代谢是维持能量需要中比较稳定的部分,猪生命活动中真正的最低能量代谢,只有在理想条件下保持休眠状态下才能实现,因此,在实际中测定较多的是绝食代谢。

② 绝食代谢:指猪绝食到一定时间,达到空腹条件时所测得的能量代谢,猪绝食代谢的水平一般比基础代谢略高。测定绝食代谢的方法主要有两种:一种是直接测热法,这种方法主要根据热力学第一定律(即能量守恒),直接利用测热器测定猪在绝食代谢条件下扩散至周围环境中的热量,从而计算出猪的代谢产热量,一般以24h为单位时间表示产热量。另一种是间接测热法,此法是基于三大营养物质在体内完全氧化的共同特点和反应物、生成物与自由能之间的变化关系,应用热化学原理通过计算得出动物在特定条件下的代谢产热量。生长肥育猪不同体重的维持代谢能需要见表5-1。

表5-1 生长肥育猪不同体重的维持代谢能需要

活重/kg	30	40	50	60	70	80	90	100
维持需要/kJ	6.74	8.08	9.30	10.43	11.56	12.50	13.47	14.39

(2)维持的蛋白质、氨基酸需要

① 猪内源尿氮(EUN):指猪在维持生存过程中,必要的最低限度体蛋白质分解代谢经尿中排出的氮。它是评定维持蛋白质需要的重要组成部分。

② 猪代谢粪氮(MFN):指猪采食无氮饲粮时经粪中排出的氮称为代谢粪

氮。它主要来源于脱落的消化道上皮细胞和胃肠道分泌的消化酶等含氮物质，也包括部分体内蛋白质氧化分解经尿素循环进入消化道的氮。代谢粪氮排出的多少与采食量成正比，与饲粮品质成反比。

③ 猪体表氮损失：指猪在基础氮代谢条件下，经皮肤表面损失的氮，主要是皮肤表皮细胞和毛发脱落损失的氮。体表氮损失的量与动物大小、年龄、环境等因素有关。基础氮代谢（总内源氮）是EUN、MFN和体表氮损失的总和，其中主要是EUN、MFN。猪每日每千克代谢体重（$BW^{0.75}$）排泄的EUN为150mg，猪每采食1kg干饲粮排泄MFN大约是1.5g，猪营养需要量NRC（1998）建议体表氮损失按0.018g/kg $BW^{0.75}$进行计算。饲粮蛋白质用于维持的消化率，生长育肥猪为78%~82%，平均为80%；仔猪为75%~90%，平均为83%；母猪与生长肥育猪平均值接近；公猪则与仔猪平均值接近。不同猪维持的蛋白质需要见表5-2。

表5-2 不同猪维持的蛋白质需要

阶段	基础氮代谢 （mg/kg $BW^{0.75}$）	净蛋白质 （g/kg $BW^{0.75}$）	消化蛋白质 （g/kg $BW^{0.75}$）	粗蛋白质 （g/kg $BW^{0.75}$）
育肥猪	155~275	0.97~1.72	1.76~3.13	2.20~3.91
小猪	192~320	1.20~2.00	2.18~3.64	2.63~4.39
公猪	340	2.13	3.87	4.72
母猪	176	1.19	2.00	2.54

④ 维持的氨基酸需要：猪维持代谢条件下对氨基酸需要变化较大，不同组织器官即使蛋白质的氨基酸组成相同，但周转代谢不同，维持氨基酸需要自然也不同，成年猪维持氨基酸需要见表5-3。

表5-3 成年猪维持必需氨基酸需要

氨基酸	赖氨酸	蛋氨酸	胱氨酸	色氨酸	苏氨酸	苯丙氨酸	酪氨酸	亮氨酸	异亮氨酸	缬氨酸	组氨酸
基础氮代谢（mg/kg BW$^{0.75}$）	36	10	44	9	54	18	44	25	27	24	12

（3）维持的矿物元素和维生素需要　猪体内矿物元素代谢同样存在内源损失，其特点是代谢损失量很小，反复循环利用程度高。幼猪内源钙损失每天每千克体重约为23mg，20kg以上的生长肥育猪约为32mg，磷的内源损失平均每天每千克体重约20mg。猪每天每千克体重对钠的维持需要为1.2mg。

维生素的内源代谢与其他营养素不同，内源损失少，不便于用析因法评定维持需要，如果用饲养实验评定，因需要量甚微，衡量标准较难评定，评定误差较大，从动物生产角度出发，将维持需要与生产需要分开没有能量和蛋白质那样重要。

3. 生长育肥的营养需要

按照猪生长发育规律特点及其影响因素，研究制定猪的营养需要时，一般按阶段考虑。我国及世界很多国家的猪的饲养标准对生猪的营养需要都是按阶段给出的。确定需要量的方法有综合法和析因法，综合法只考虑总的需要，而不用分别考虑生长、维持等各部分的需要，析因法则相返，二者相比，析因法更有利于预测猪的需要和建立动态模型。

（1）能量需要　生长育肥猪所需能量是用于维持生命、组织器官的生长及机体脂肪和蛋白质的沉积，能量需要主要通过生长实验、平衡试验及屠宰实验，按综合法或析因法的原理确定。

① 综合法：主要通过生长实验，也结合屠宰实验确定猪对能量的需要。一般采用不同能量水平的饲粮，以最大日增重、最佳饲粮利用效率和胴体品质的能量水平作为需要量。能量的需要也常与蛋白质的需要相结合研究，从而得到比较适宜的能氮比。能量需要可表示为每千克饲粮含消化能、代谢能或净能多少，也可用每头每日需要量，根据日采食量两种表示方法可以进行换算。

② 析因法：从维持和剖析增重的内容出发，研究一定条件下蛋白质和脂肪的沉积规律以及沉积单位质量的脂肪和蛋白质所需的能量，在大量实验数据的基础上，建立回归公式以估计猪在一定体重和日增重情况下的脂肪和蛋白质日沉积量，然后根据脂肪和蛋白质的沉积量推算粗增重净能，加上维持净能，即为所需的总的净能。根据猪的消化能、代谢能、净能相互转化的效率，可将净能需要换算成消化能、代谢能。生长肥育猪不同体重、日增重的总代谢能需要见表5-4。

表5-4　生长肥育猪不同体重、日增重的总代谢能需要　　　　单位：kJ

日增重/g	活重/kg							
	30	40	50	60	70	80	90	100
400	13.4	16.3						
500	15.4	18.3	20.9	23.4				
600	17.3	20.2	22.9	25.4	27.7	29.9	32.0	
700	19.3	22.2	24.9	27.4	29.7	31.9	34.0	36.6
800		24.2	26.9	29.4	31.7	33.9	36.6	38.0
900			28.9	31.3	33.7	35.9	38.0	39.9
1000					35.7	37.9	39.9	

（2）蛋白质氨基酸需要　猪蛋白质的需要可采用综合法，通过生长实验确定，也可用析因法测定维持和生长蛋白质的需要。动物年龄越小，肌肉组织相对发育越早，所需粗蛋白质和氨基酸比例越高。氨基酸的需要同样用析因法先确定维持和沉积的单个氨基酸的需要，一般先计算出赖氨酸的需要，再根据维持和沉积的蛋白质的氨基酸模式，推算出其他氨基酸的需要量，维持加上沉积即为总的氨基酸需要量，一般表示为每日需要量，根据每日采食量和消化能或代谢能可折算成每千克饲粮的百分含量。生长育肥猪粗蛋白质和氨基酸的需要见表5-5。

表5-5　生长育肥猪粗蛋白质和氨基酸的需要　　　　　　　　　　　　　　单位：%

生长阶段/kg	中国（1987）			NRC（美国国家科学研究委员会，1998）				
	10~20	20~60	60~90	5~10	10~20	20~50	50~80	80~120
粗蛋白质	19.0	16.0	14.0	23.7	20.9	18.0	15.5	13.2
赖氨酸	0.78	0.75	0.63	1.35	1.15	1.02	0.80	0.60
蛋氨酸	0.51	0.38	0.32	0.76	0.65	0.54	0.44	0.35
苏氨酸	0.51	0.45	0.38	0.86	0.74	0.61	0.51	0.41
异亮氨酸	0.55	0.41	0.34	0.73	0.63	0.51	0.42	0.33

（3）矿物元素和维生素需要　必需的矿物元素对猪生长必不可少，但从缺乏程度、添加量及饲粮平衡等因素考虑，钙磷相对于其他矿物元素更为重要，其他矿物元素的需要量都较少。生长猪对钙磷的需要主要取决于猪的体重和生长速度，由于骨骼钙磷的不断更新，而且速度很快，内源性损失较大，因此，需要量应为机体沉积钙磷加上内源损失的钙磷。仔猪及生长育肥猪每日钙磷的沉积量、内源损失量、利用率及需要量见表5-6。

表5-6　仔猪及生长育肥猪每日钙磷的沉积量、内源损失量、利用率及需要量

体重阶段/kg	钙					磷				
	沉积量/g	内源损失量/g	净需要量/g	利用率/%	总需要量/g	沉积量/g	内源损失量/g	净需要量/g	利用率/%	总需要量/g
1.3	1.3	0.04	1.34	85	1.5	1.0	0.02	1.02	85	1.2
5.0	3.0	0.20	3.20	80	4.0	1.9	0.10	2.00	80	2.5
10.0	4.5	0.30	4.80	80	6.0	2.8	0.20	3.00	75	4.0
20.0	6.0	0.60	6.60	65	10.0	3.6	0.40	4.00	55	7.0
50	7.0	1.60	8.60	60	15.0	4.2	1.00	5.00	50	10.0
100	7.0	3.20	10.00	55	18.0	4.2	2.00	6.00	50	12.0

对于生长猪，维生素的需要量主要通过生长实验评定，在有青绿饲粮喂养的情况下，维生素的添加量可适当降低。每千克饲粮所需的维生素含量随着猪的日龄的增长而下降。由于确定维生素需要的标准不同，维生素源效价不同，饲粮加工贮存中的损失及饲养环境条件的差异，各国公布的维生素需要量差异较大。为

保证畜产品的质量和延长保质时间,增强猪的抗应激和免疫能力,防止饲粮的氧化,在生产中维生素使用量一般都大于甚至远远高于需要量。生长猪维生素需要的推荐量范围见表5-7。

表5-7　生长猪维生素需要的推荐量范围

维生素名称	脂溶性维生素/[mg/(d·kg体重)]			水溶性维生素/(mg/kg饲粮风干物质)					
	维生素A	维生素D	维生素E	维生素B_1	维生素B_2	维生素B_6	维生素B_{12}	烟酸	泛酸
需要量	130~2200	150~220	11~16	1~1.5	2~4	1~2	5~20	7~20	7~12

(二)工具与材料

准备计算器、纸、笔。

训练任务

(一)任务安排

分组:以学习小组的形式依据饲养标准对母猪进行代谢能需求的计算。

(二)任务要求

在计算过程中,需考虑全面,切忌遗漏。

思考与练习

依据饲养标准对母猪进行代谢能计算和消化能计算的区别?

考核评价

猪营养需要学习和实操任务考核评价内容和评分标准见表5-8(以小组为单

位考核）。

表5-8 猪营养需要学习和实操任务考核评价表

考核项目	内容	分值	得分
技能操作（50）	了解代谢能需求计算的目的	10	
	掌握对母猪进行代谢能需求的计算的方法及步骤	40	
学习成效（25）	拓展作业	5	
	实习小结	5	
	记录表	5	
	实习总结	5	
	小组总结	5	
思想素质（25）	安全规范生产	5	
	纪律出勤	5	
	情感态度	5	
	团结协作	5	
	创新思维（主动发现问题、解决问题）	5	
合计		100	
评价人员签字	1. 任课教师： 2. 实习指导教师： 3. 专业带头人： 4. 园区（企业或行业）技术员：		

备注：在计算过程中，若出现计算错误，视错误率扣除个人成绩10～20分，小组成员同时扣除安全规范生产及团结协作成绩。

任务二　生态型饲养技术

任务目标

知识目标

（1）掌握生态型饲喂技术，适合放养的日龄及体重。

（2）了解生态型饲养技术关于猪种的选择。

能力目标

能够认识中国地方猪种。

任务准备

（一）知识要点

生猪生态型饲养技术目前比较常见的模式有舍饲与放养结合的畜—肥—种生态循环养殖。林地、果园、草场光照充足、水质良好、空气清新，给猪提供了自由活动、觅食、饮水的广阔空间和生活环境。土壤中含钙、磷、铁、铜、锌等多种矿物元素，饲草中含丰富的植物性蛋白质和多种维生素，猪白天在林地、果园、草场等放养场地自由觅食，采食野生植物、牧草，加上长期运动和锻炼，能促进猪的食欲和新陈代谢，增强体质和抵抗力，猪肉中肌红蛋白含量高，肉色鲜红悦目，味道鲜美，同时，适当、适时的放牧又能把猪排出的粪尿经过发酵或堆肥处理后变成有机肥料，返田供农作物消纳利用，从而减少养殖排泄物对环境的污染。

饲养方式的选择，应根据实际情况选择，可以采用舍饲为主，利用林地、草地进行定时放牧，也可以采用放养为主，结合补饲。以放养为主时，需要安排好猪的生产周期，以便在气候温暖季节白天放养，早晚进行补饲，寒冷季节进行舍饲。通过舍饲和放养结合，并对饲养过程进行科学管理，能生产出无公害、绿色安全的猪肉，具有较高的经济效益和社会效益。

1. 猪种的选择

中国地方猪繁殖能力强，耐粗饲，对粗纤维利用率高，抗病力和适应环境能力强，可选地方猪种如太湖猪、荣昌猪、成华猪等进行养殖，也可用中国地方猪与外种猪长白、太白、杜洛克杂交后进行饲养。

2. 放养猪数量的确定

为防止过度放牧，应确定适宜的储畜量，放养猪的数量要与林地、草地面积有合理的比例,建议每公顷放养猪的数量为生长期150头,育肥期120头。

3. 合适放养日龄和体重

放养日龄,刚断奶的仔猪应激性较强,对气候变化反应较大,不适宜马上放养。70~180日龄的猪可放养。放养体重,舍外放养猪体重过小,放养后对增重影响很大,体重和日增重明显小于体重较大后开始放养的猪。体重过大(70~80kg以上)开始舍外饲养,猪的适应性和放养阶段的生长速度明显优于体重小的,但出栏前会过肥,不利于瘦身,最优的放养体重应在40~60kg为宜。

4. 放牧安排

猪的放牧日程应根据所在地区的气候条件确定。一般夏季6:00—8:00出牧、10:00—11:00收牧,中午比较炎热,需把猪赶到阴凉处休息,在中午休息时进行第一次补饲,15:00—16:00出牧,18:00—19:00收牧,进行第二次补饲。秋季时,宜在8:00—10:00和午后15:00—17:00点放牧,冬季要晚出早归。

5. 猪群放牧期间的补料量

猪在野外环境中采食植物,并不能完全满足自身的营养需要,还要进行一定的补饲,补料的数量主要根据猪的年龄、营养状况、草地品质和密度因素确定。各类猪应补饲的量的多少,大致可参考表5-9。

表5-9 放牧中猪群的补料量

猪的种类	补料量(占饲粮饲养标准的百分比)	
	优良放牧地/%	贫瘠放牧地/%
2~4月龄的仔猪	100	100
哺乳母猪和怀孕后期的母猪	65	70
空怀母猪和怀孕2~3月的母猪	70	75
4~8月肥猪	65~75	80~85

6. 饮水

在放牧时,特别是夏天应供给充足清洁的饮水。饮水不足,会严重影响猪的正常新陈代谢，如小猪会停止生长、育肥猪每日增重不大。在放牧区和猪舍的露天地方，应放有水槽，盛有新鲜的清水。

7. 适时出栏

猪在野外饲养时间为3～5个月，日增重350～450g，平均约为400g，体重达到100～120kg时要及时出栏。

（二）工具与材料

中国地方猪种的照片。

📋 训练任务

（一）任务安排

分组：以学习小组的形式认识中国地方猪种，并了解其特性。

（二）任务要求

在识别图片的过程中，须掌握猪种之间的区别。

📋 思考与练习

依据饲养标准对母猪进行代谢能计算和消化能计算的区别是什么？

📋 考核评价

生态型饲养技术学习和实操任务考核评价内容和评分标准见表5-10（以小组为单位考核）。

表5-10 生态型饲养技术学习和实操任务考核评价表

考核项目	内容	分值	得分
技能操作（50）	具备辨别地方猪种的能力	10	
	掌握中国各地方猪种之间特性的区别	40	
学习成效（25）	拓展作业	5	
	实习小结	5	
	记录表	5	
	实习总结	5	
	小组总结	5	
思想素质（25）	安全规范生产	5	
	纪律出勤	5	
	情感态度	5	
	团结协作	5	
	创新思维（主动发现问题、解决问题）	5	
合计		100	
评价人员签字	1. 任课教师：　　　　　2. 实习指导教师： 3. 专业带头人：　　　　4. 园区（企业或行业）技术员：		

备注：在识别图片的过程中，若识别猪种错误，视错误率扣除个人成绩10～20分，小组成员同时扣除安全规范生产及团结协作成绩。

任务三 中草药添加剂在饲粮中的应用

任务目标

知识目标

（1）掌握中草药添加剂的作用。

（2）了解中草药添加剂的特点。

能力目标

（1）能够辨认基本的中草药。

（2）了解部分中草药的作用。

📋 任务准备

（一）知识要点

中草药的研究和应用在我国已有几千年的历史，我国地域辽阔，中草药资源十分丰富，因此在畜牧生产中，开发利用高效、营养、安全、无毒副作用的绿色中草药添加剂代替抗生素和激素等产品，生产安全优质的猪肉，具有十分广阔的市场前景，目前已有100多种中草药可以作为饲料添加剂。

1. 中草药添加剂的特点

（1）工艺简单，价格低廉　抗生素及化学合成药物的生产工艺相对复杂，有些生产成本很高，并可能带来污染。中草药源于大自然，除少数人工种植外，大多数为野生，来源广泛，成本低廉，易于推广应用。中草药饲粮添加剂生产工艺简单，一般经干燥粉碎、混合后即可使用，而且本身是天然有机物，各种化学结构和生物活性较为稳定，因此运输方便，不易变质。

（2）多功能性　中草药添加剂的配制多遵循中兽医学理论，在配方、炮制和使用时运用其整体理念及阴阳平衡，扶正祛邪等辩证原理，调动机体的积极因素，增强免疫力和提高生产力。中草药结构复杂、成分多样是中草药饲粮添加剂具备多功能性的内在因素，而这种多功能性符合动物机体脏腑功能的相互协调和整体统一规律，这是其他饲粮添加剂所不能比拟的。中草药饲粮添加剂兼备营养性和非营养性的作用，功能全面。现已发现中草药中的多糖类、有机酸类、生物碱类、苷类和挥发油类均有增强免疫的作用。

（3）毒副作用小　毒副作用是指对动物的毒性、副作用、后遗效应和影响人体健康弊端的总称。生物激素和化学合成药物饲料添加剂在动物体内存留蓄积，引起毒副作用和药源性疾病。中草药添加剂多数无残留。即使用于防病治病的有毒中草药，经传统炮制法加工和科学的配伍而无毒性或消除，使用量为常量的数倍乃至数十倍以上，也未见机体有异常变化，安全性好。

（4）耐药性小　耐药性是指病原菌和寄生虫经与药物多次接触，对药物的敏感性下降，甚至消失，以至疗效降低或失效。中草药饲粮添加剂以其独特的抗微生物和寄生虫的作用机理，不产生耐药性，可长期使用。

2. 中草药添加剂的作用

（1）增进食欲，促进生长　中草药添加剂的主要功能是增强消化吸收和合成代谢，促进猪生长发育。促进消化吸收的主要药物有山楂、麦芽、神曲、砂仁、接骨木、肉桂、枳壳、厚朴等。促进合成代谢常用的药物是人参、麻黄、黄芪、白术、刺五加、枸杞子、补骨脂等。

（2）增强免疫功能，提高抗病力　中草药中的主要活性成分，如多糖、苷类、生物碱、挥发油类、蒽醌类和有机酸类等起着调节动物机体免疫功能的作用。

① 多糖：多糖是中草药的主要免疫活性物质，从中草药中提取分离出的多糖种类很多，如枸杞多糖、黄芪或红芪多糖、茯苓多糖、猪苓多糖、党参多糖、红花多糖、刺五加多糖、淫羊藿多糖和甘草多糖等，都具有免疫刺激作用。

② 苷类：黄芪皂苷和人参皂苷均能增强网状内皮系统的吞噬功能，促进抗体形成，加快抗原抗体反应和淋巴细胞转化。目前研究最多的是人参皂苷，人参皂苷是人参的主要活性成分，具有显著增强动物机体免疫功能的作用，这不仅对于正常动物，对于免疫功能低下的动物也是如此。

③ 挥发油类：凡具有香味的中草药一般含有挥发油，如大蒜、薄荷、当归、桂皮等。这类物质化学成分比较复杂，主要是硫化物、萜类及芳香族化合物。挥发油具有多种药理功能，目前在免疫方面研究最多的是大蒜素。大蒜素是具有生物活性的亚砜和砜类化合物成分的总称。大蒜素能明显提高淋巴细胞转化率的作用，使中枢淋巴器官和外周淋巴器官增殖，增强细胞免疫功能，还可以激活单核细胞的分泌水平，促使溶菌酶大量释放，溶菌酶能水解细菌细胞壁中的粘多肽，致使致病菌破裂死亡，增强非特异性免疫功能。

（3）抗菌驱虫，保持机体健康　起抗菌作用的中草药很多，常用的有连翘、板蓝根、黄连、黄檗、紫花地丁、鱼腥草、穿心莲、白头翁等。作为驱虫剂的有大蒜、仙鹤草、常山、苦参等。

清热解毒类中草药抗菌的效果尤为显著,在抑制病原微生物的同时,还能激发动物有机体抗感染的免疫力,增强细胞和肝脏网状内皮系统的吞噬功能,促进抗体的形成,增强机体的抗应激能力。清热解毒中草药不仅能用于防治猪细菌性感染,而且能防治病毒钩端螺旋体、致病性真菌和原虫感染。根据现有的研究资料表明,中草药的抗菌作用从以下两个方面完成。

① 增强机体器官组织抗菌能力:党参、鸡血藤、阿胶、何首乌、蟾酥等有刺激血细胞生成、生长的作用而抗菌;何首乌含有卵磷脂,卵磷脂是神经细胞、脑髓细胞、红细胞的原料,可增加抗菌能力;枸杞等因有刺激造血功能而抗菌;灵芝等有促进脾脏功能而抗菌。此外,丹参、桔梗、当归、大蒜、金银花、穿心莲、黄连、灵芝等可使吞噬细胞消化、溶解细菌,达到直接杀菌的作用,桔梗、蟾酥等有提高溶菌酶活性作用,黄芪、丹参等有刺激干扰素生成作用,防止细菌侵入正常细胞内进行复制。

② 作用于细菌的结构和代谢:黄檗等能抑制细菌RNA的合成而抗菌、金银花可直接作用于细菌的细胞壁,抑制细菌细胞壁的合成;大蒜素能使细菌失去半胱氨酸,使细菌不能进行生物氧化作用,同时还可使细菌巯基失活,抑制与细胞生长、繁殖有关的巯基,达到抗菌作用。

(4)抗应激功能　夏季高温往往引起猪新陈代谢和生理机能发生改变,以至于影响生长和饲粮利用率。以藿香、银花、板蓝根、苍术、龙胆草等组成的中草药饲粮添加剂,发挥各自的清暑去热、解毒杀菌、健脾化湿等功能,从而提高高温季节猪的抗应激能力。可以对猪机体起到抗应激作用的中草药还有绞股蓝、苍术、厚朴等。

(二)工具与材料

常见的中草药。

训练任务

（一）任务安排

分组：以学习小组的形式辨认基础中草药。

（二）任务要求

在辨认中草药的过程中，了解中草药添加剂的作用。

思考与练习

中草药添加剂和抗生素添加剂的区别是什么？

考核评价

中草药添加剂在饲粮中的应用学习和实操任务考核评价内容和评分标准见表5-11（以小组为单位考核）。

表5-11 中草药添加剂在饲粮中的应用学习和实操任务考核评价表

考核项目	内容	分值	得分
技能操作（50）	具备辨认常见中草药的能力	10	
	了解常用中草药饲料添加剂的作用	40	
学习成效（25）	拓展作业	5	
	实习小结	5	
	记录表	5	
	实习总结	5	
	小组总结	5	

续表

考核项目	内容	分值	得分
思想素质（25）	安全规范生产	5	
	纪律出勤	5	
	情感态度	5	
	团结协作	5	
	创新思维（主动发现问题、解决问题）	5	
合计		100	
评价人员签字	1. 任课教师：　　　　　　2. 实习指导教师： 3. 专业带头人：　　　　　4. 园区（企业或行业）技术员：		

备注：在辨认常见中草药的过程中，若识别中草药种类错误，视错误率扣除个人成绩10-20分，小组成员同时扣除安全规范生产及团结协作成绩。

小　结

一、知识框架

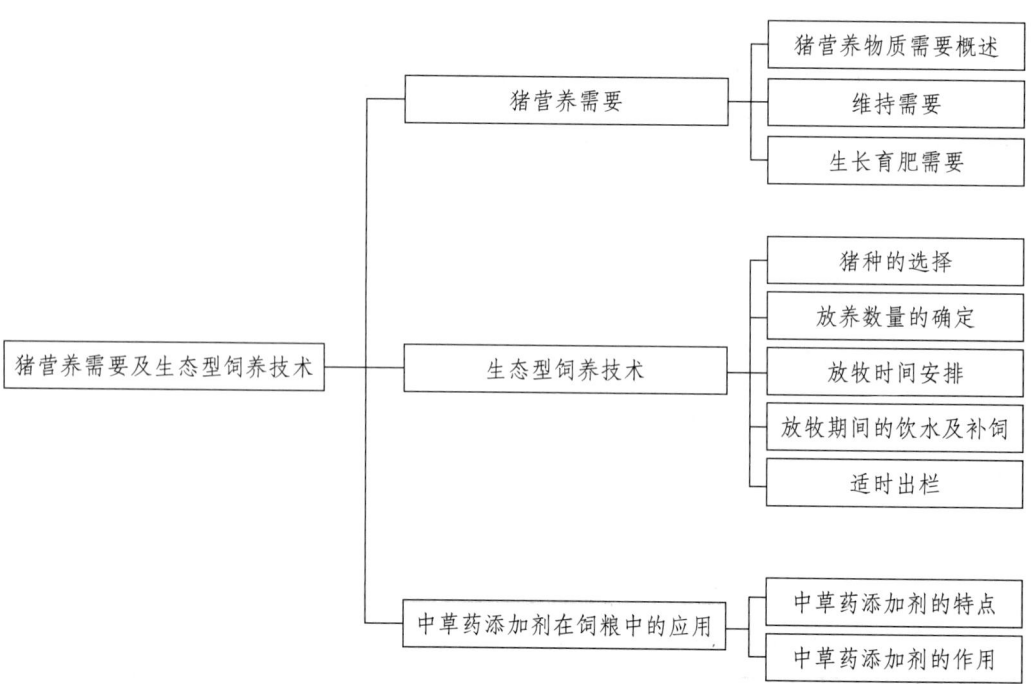

二、综合测试

（一）名词解释

维持需要、析因法、综合法、必需氨基酸、耐药性。

（二）填空题

1. 猪需要的六大营养物质分别是_____、_____、_____、_____、_____、_____。

2. 猪需要的各种矿物质按其在体内含量的不同，可分为_____元素和_____元素两大类。

3. 中国地方猪具有_____强，对_____利用率高，以及抗病力和适应环境能力强等特点。

4. 耐药性是指_____和_____经与药物多次接触，对药物的_____下降，甚至消失，以致疗效降低或失效。

（三）简述题

1. 简述维持代谢和基础代谢的区别。
2. 简述圈养与放养结合的生态型饲养的关键点。
3. 简述中草药添加剂的特点和作用。
4. 简述中草药的抗菌途径有哪些。

模块六　常见猪病中兽医防治技术

模块目标

1. 了解中兽医的基本理论体系是以整体观念和辨证论治为特点。
2. 掌握猪病最常用的诊法"四诊法"望、闻、问、切；了解八纲辨证的知识。
3. 了解八纲辨证和八正论的相互关系。
4. 培养热爱农牧行业，具备追求卓越、精益求精的精神；具备不断学习的能力和习惯，了解本领域的最新动态、新技术、新方法，并能将其应用于实践；培养热爱家乡的情怀，树立振兴当地养殖产业的志向；培养热爱"三农"的情怀，树立服务"三农"的责任感。

中兽医学起源于中国古代，受中国古代哲学思想和中医学的影响，在长期的医疗实践过程中，逐渐形成并发展了以整体观念和辨证论治为特点的理论体系和以四诊、辨证、方药及针灸为主要手段的诊疗方法。几千年来，中兽医学为保障我国畜牧业的发展起到了重要作用。

中兽医认识疾病、诊察疾病和治疗疾病都是从机体整体出发。在认识疾病时，既重视整体与局部的相互关系，又强调好的整体状况有利于疾病康复。在诊察疾病时，常通过分析研究机体外在的临床表现，去找出疾病的发病机理，即察外而知内。在治疗疾病时，既注意脏腑之间的联系，又注意脏腑与形体、窍、液的联系，比如"表里同治"或"从五官治五脏"，以及"见肝之病，当先实脾"等，都是从整体观念出发来确定治疗原则和治疗方法的具体体现。

辨证论治是中兽医认识疾病，确定防治措施的基本过程。"辨证"是把通过四诊所获取的病情资料进行分析综合，识别疾病症候的过程。"论治"是根据证的性质确定治则和治法的过程。辨证是确定治疗的前提和依据，论治是治疗疾病的手段和方法，也是辨证的目的。治疗原则和治疗措施是否恰当，取决于辨证是否正确，而辨证论治的正确性，又有待于临床治疗效果的检验。因此，辨证和论治是诊疗疾病过程中相互联系不可分割的两个方面，也是理法方药在临床上的具体运用。

任务一　常见猪病诊断技术

任务目标

知识目标

（1）理解辨证论治的含义。
（2）学习"四诊法"知识，掌握望、闻、问、切技术。
（3）学习八纲辨证知识，理解八纲辨证与八正论的相互关系。

能力目标

（1）能够运用望、闻、问、切，查看猪病，收集病情资料。
（2）通过八纲辨证，认清症候性质。

任务准备

（一）知识要点

中兽医诊断技术是以辨证论治为基础。辨认症候，首先通过望、闻、问、切四种诊法获得有关病情资料，然后分析综合病情资料，辨清疾病的原因、性质、部位以及正邪之间的关系，最后概括、判断为某种性质的证的过程。论治，就是根据辨证的结论，确立相应的治疗原则与方法。辨证是如何去认识病征，论治是怎样来确定治疗，二者是诊治病征过程中不可分割的两个方面。

1. 四诊法

我们在对猪病进行诊断时，最常用的还是采用望、闻、问、切四种诊法来获得有关病情资料。

（1）望诊　用眼睛观察患猪全身和局部的一切情况及其分泌物、排泄物的变化，以获得有关病情资料的一种方法。望诊时既要望全身，观察其精神、形体、皮毛、动态；又要望局部，观察其眼、耳、鼻、口唇、呼吸、饮食、躯干、四肢、二阴、粪尿。

健康猪表现为性情活泼，不时拱地，被毛光润，鼻盘湿润，目光明亮有神，行走不时摆尾，贪食，饱后多睡卧。一旦患病，很快就表现出异常动态，表现为精神不振，呆立一隅，厌食，行走时常躯体摇摆。

患猪肺疫时表现为气粗喘急，颌下硬肿，咳嗽连声，口鼻流出黏液，步态不稳，甚至伸头低项，张口喘息。患猪喘气病时表现为咳嗽缠绵不愈，两胁扇动，甚或张口喘息，气如抽锯，或呈犬坐姿势。当猪感冒（外感热证）时表现为突然不吃，体表发热，呼吸喘促，眼红流泪，鼻流清涕，浑身寒战。当猪便秘时表现为站立时后肢张开，卷尾少动，弓腰努责，卧多立少，粪球干小或不见排粪。当猪出现久病不愈，卧地不起，声音嘶哑，四肢发凉，则多是猪危证。

（2）闻诊

① 听声音：用耳听猪的叫声、呼吸音、咳嗽声以及肠音等。健康猪叫声洪亮而有节奏，一般听不到呼吸的声音，基本不咳嗽。咳嗽是肺经病的一个重要证候，由于疾病的性质和病程不同，咳嗽的声音也不同。

② 闻气味：包括口气、鼻气及粪、尿的气味。健康猪无口臭、无鼻气，粪便有一定的臭味，尿的气味较小。如果有口气酸臭，多属胃内积滞；口气腥臭、腐臭，多是口腔黏膜糜烂溃疡的表现。如果有鼻臭，主要见于肺经疾患，如肺痈、肺败、鼻窦蓄脓等。

(3) 问诊　问诊就是通过与饲养人员有目的的交谈,来调查了解猪的发病情况,是诊察疾病的重要方法之一,在四诊中占有重要地位。问诊的内容主要有下列几项:

① 问发病经过:主要问发病时间、发病症状、发病进程以及疾病转归,来判断疾病的轻重缓急、寒热虚实。

② 问诊疗经过:询问是否进行过诊断治疗,曾诊断为何种病征,用过什么药,用药后有何反应等。了解这些情况,对于确诊疾病,合理用药,提高疗效,以及判断预后等都非常重要。

③ 问饲养管理:了解饲料的种类、来源、品质、饲喂方法等情况和猪的饲养环境。更换饲料容易引起腹痛、腹胀、腹泻等胃肠道疾病。猪舍的保暖、通风、防暑、光照以及环境卫生条件差常会引起风寒感冒、皮肤病、脾胃病等。

④ 问既往病史:了解以往病情有助于新病的诊断和防治,主要了解猪以前是否患过病,患的什么病、用的什么药。如果得过猪瘟就不会再患猪瘟。

(4) 切诊　切诊是依靠手指的感觉,进行切、按、触、叩,从而获得猪病资料的诊察方法。切诊主要包括切脉和触诊两部分。

① 切脉:猪的切脉处是股内动脉,诊者应蹲于病猪侧面,手指沿腹壁由前到后慢慢伸入股内,摸到动脉即行诊察,体会脉搏的性状。

诊脉时,应注意环境安静。切脉时常用三种指力,即浮取、中取、沉取。轻用力,按在皮肤,名浮取(举);中度用力,按于肌肉,名中取(寻);重用力,按于筋骨,名沉取(按)。浮、中、沉三种指力可反复运用。另外,手指还要加以不同的指力前后推寻,以感觉脉搏幅度的大小,流利的程度。

脉象就是脉搏应指的形象,包括动脉波动显现的部位、速率、强度、节律、流利度及波幅等。脉象常分为健康无病之脉、反常有病之脉和病情垂危的脉象三种,简称平脉、反脉、易脉。平脉表现为不浮不沉,不快不慢,至数一定,节律均匀,中和有力,连绵不断。

反脉分为浮脉与沉脉、迟脉与数脉;虚脉与实脉;滑脉与涩脉;洪脉与细脉;促、结、代脉。浮脉与沉脉是脉搏显现部位深浅相反的两种脉象,迟脉与数脉是脉搏快慢相反的两种脉象,虚脉与实脉是脉搏力量强弱相反的两种脉象,滑脉与涩脉是脉搏势态相反的两种脉象，洪脉与细脉是脉波幅度和脉势均相反的两种脉象，促、结、代脉是脉搏节律不整齐或有间歇的脉象。

易脉是疾病危重期出现的一种脉象，都是脉形大小不等，快慢不一，节律全无，散乱无序的脉象，表示生机已绝，疾病已到垂危阶段。

② 触诊：主要包括触凉热、摸肿胀、触咽喉、按胸腹等。

健康猪鼻镜湿润，耳根部较温，耳尖部较凉，体表和四肢不热不凉，全身无肿胀。如果猪患病，热证表现为鼻温、耳温较高，体表和四肢偏热，寒证则俱凉。如果耳根、耳尖俱冷，四肢冰冷，属寒极阳气将竭，表示猪病危重。

2. 辨证

辨证是以脏腑、气血津液、经络、病因等理论为基础，以四诊所获取的资料为依据，认识疾病、诊断疾病的过程。中兽医辨证方法很多，在这里我们以八纲辨证为例作一些介绍。

（1）八纲辨证　八纲，即表、里、寒、热、虚、实、阴、阳。八纲辨证，就是将四诊所搜集到的各种病情资料进行分析综合，对疾病的部位、性质、正邪盛衰等加以概括，归纳为八个具有普遍性的症候类型。

① 表里：表里是辨别疾病病位深浅、病情轻重及病势进退的两个纲领。一般来说，病邪侵犯肌表而病位浅者属表，病在脏腑而病位深者为里。表证的治疗宜采用解表法，根据寒热轻重的不同，或辛温解表，或辛凉解表。里证的病因复杂，病位广泛，治疗不能一概而论，需根据病征的寒热虚实，分别采用温、清、补、消、泻诸法。

a. 表证与里证的关系如下。

表邪入里：往往发生在机体抵抗力下降，邪气过盛，或护理不当时。如温病初期，多为表热证，若失治、误治，则表热症状消失，出现高热、粪干、尿短赤、舌红苔黄、脉洪数等里热症状，说明病邪已经由表入里，转化成了里热证。

里邪出表：多为机体抵抗力增强，邪气衰退，病情好转的征象。

表里同病：指表证和里证同时存在。比如，既有发热、恶寒的表证表现，又出现咳嗽，气喘，粪干，尿赤等里热的症状。表里同病的治疗原则，一般是先解表后攻里或表里同治；如果里证紧急，也可先攻里后解表。

b. 表里辨证要点。

辨别表里要掌握其特征，比如发热恶寒并见属表证，如果发热而没有恶寒，或仅有恶寒者多属里证。

在辨别表里的同时，还应弄清是否有表里同病或兼其他不同之证。

初病表现为表证，后来出现里证，应是表邪入里。初病里证，继而出现表证，应是里证出表，或是又感表邪。

② 寒热：寒热是辨别疾病性质的两个纲领。寒证与热证是概括机体阴阳的偏盛与偏衰的两种症候。一般来说，寒证是感受寒邪或机体机能活动衰退所表现的症候，即所谓"阴盛则寒""阳虚则外寒"。热证是感受热邪或机体机能活动亢盛所反映的症候，即所谓"阳盛则热""阴虚则内热"。

寒证的一般症状是口色淡白或淡清，口津滑利，舌苔白，脉迟，尿清长，粪稀，鼻寒耳冷，四肢发凉等。有时还有恶寒，被毛逆立，肠鸣腹痛的症状。常见的寒证有外感风寒、寒滞经脉、寒伤脾胃等。

热证的一般症状表现是口色红，口津减少或干粘，舌苔黄，脉数，尿短赤，粪干或泻痢腥臭，呼出气热，身热。有时还有目赤、气促喘粗、贪饮、恶热等症状。

寒热辨证要点：

a. 辨寒热一般应综合病猪口渴与二便情况，四肢、耳鼻冷热，舌质、舌苔，脉象等表现来加以辨别。寒证常表现为尿液清长，粪便稀薄，四肢、耳鼻冰冷。热证常表现为口渴贪冷饮，尿液短赤，粪便燥结或便脓血。

b. 辨别寒热，应辨别部位。如寒热有表里、上下、脏腑、气血等不同。

c. 辨寒热应注意寒热错杂及虚实的不同情况，如表热里寒、表里俱寒、俱热等。

d. 辨寒热，需分清真假，不要为其表面的假象所迷惑，只有抓住病征的本质，才能做出正确诊断。

③ 虚实：虚实是辨别邪正盛衰的两个纲领。一般而言，虚证是正气不足的

症候，而实证则是邪气亢盛有余的症候。虚证是正气虚弱所出现的各种症候，形成虚证的原因有食欲不好，老弱体虚，大病、久病之后等。引起实证的原因有外邪入侵和内脏机能活动失调，代谢障碍，以致痰饮、水湿、瘀血等病理产物停留体内。

虚证的一般症状有口色淡白、脉虚无力，头低耳耷，体瘦毛焦，四肢无力，有时还表现虚喘、粪稀或完谷不化等症状。在临证中，常将虚证分为气虚、血虚、阴虚、阳虚等类型。

实证常见有高热，烦躁，喘息气粗，腹胀疼痛，拒按，大便秘结，小便短少或淋漓不通，舌红苔厚，脉实有力等。

虚实辨证要点：一般来说，外感初病，证多属实，内伤久病，证多属虚。实证常见于病程短，痛处拒按，舌质苍老，脉实有力。虚证常见于病程长，痛处喜按，舌质胖嫩，脉虚无力。

辨虚实要认清虚实的真假，弄清虚实所在部位和虚实错杂的情况。辨虚实应注意是否有寒热、表里等掺杂。

④ 阴阳：阴阳是概括病征类别的两个纲领。临床上，所有疾病均可分为阴证和阳证两种。阴证是阳虚阴盛，机能衰退，脏腑功能下降的表现。阳证是邪气盛而正气未衰，正邪斗争亢奋的表现。阴证在临床上的主要表现是体瘦毛焦，倦怠肯卧，体寒肉颤，怕冷喜暖，口流清涎，肠鸣腹泻，尿液清长，舌淡苔白，脉沉迟无力。阳证在临床上的主要表现是精神兴奋，狂躁不安，口渴贪饮，耳鼻肢热，口舌生疮，尿液短赤，舌红苔黄，脉象洪数有力，腹痛起卧，气急喘粗，粪便秘结。

（2）八证论　八证论是中兽医学辨证的基本方法，它把疾病症候归纳为正、邪、表、里、寒、热、虚、实八类症候，以指导临床治疗。其中，表证和里证，寒证和热证，虚证和实证的含义与八纲辨证完全相同，而正证和邪证是辨别动物健康和疾病状态的两个纲领。

中兽医学中用正证和邪证作为辨别动物健康和疾病状况的两个纲领，是因为动物不同于人，它不能和人交流，必须靠人从各个方面的体征和表现来判断是否生病。因此，辨证首先要辨清动物有没有病，这对于兽医具有重要的临床实际意义。

八纲辨证和八证论的区别仅在于八纲辨证以阴和阳来分辨病征的基本属性，是病征的总纲；八证论以正和邪来判断是否有病，是中兽医不同于中医的特点之一。因此，八纲和八证完全可以结合起来，从而使中兽医的辨证纲要更加全面和完整。就是说，中兽医的辨证纲要包括正、邪、阴、阳、表、里、寒、热、虚、实十个字，或者概括成正邪、阴阳、六要三个部分。

在临床实践中，辨正邪，就是分辨有病和无病。辨阴阳，是总的分辨病征的属性，提纲挈领地把握病征的根本。辨六要，则是具体地分辨疾病的病位（表、里）、病性（寒、热）和病势（虚、实）。这样中兽医的辨证纲要就比较全面，层次也就更清楚了。

（二）工具与材料

猪场患病动物。

训练任务

（一）任务安排

分组：以学习小组的形式以望诊观察患病猪只的被毛、精神状态、行走状态等。

（二）任务要求

在以望诊观察患病猪只的过程中，确认猪只所患疾病。

思考与练习

在兽医临床诊疗技术的病理变化和中兽医诊疗技术的病理变化有何区别？

考核评价

常见猪病诊断技术学习和实操任务考核评价内容和评分标准见表6-1（以小组为单位考核）。

表6-1 常见猪病诊断技术学习和实操任务考核评价表

考核项目	内容	分值	得分
技能操作（50）	具备通过"望闻问切"四诊手段判断猪只疾病	10	
	了解中兽医与西兽医在诊疗上的区别	40	
学习成效（25）	拓展作业	5	
	实习小结	5	
	记录表	5	
	实习总结	5	
	小组总结	5	
思想素质（25）	安全规范生产	5	
	纪律出勤	5	
	情感态度	5	
	团结协作	5	
	创新思维（主动发现问题、解决问题）	5	
合计		100	
评价人员签字	1. 任课教师：　　　　2. 实习指导教师： 3. 专业带头人：　　　4. 园区（企业或行业）技术员：		

备注：在以"望闻问切"四诊手段判断猪只疾病的过程中，应当展现热爱生命的态度，若诊断疾病错误，视错误率和态度扣除个人成绩10~20分，小组成员同时扣除安全规范生产及团结协作成绩。

任务二　中兽医防治技术

任务目标

知识目标
（1）了解中兽医防治法则的基本概念。
（2）了解常见猪病的中兽医防治方法。

能力目标
初步掌握常见猪病的病因、症状、辩证、治则、选方用药及预防措施。

任务准备

（一）知识要点

1. 防治法则

（1）预防　预防，就是采取一定的措施，防止动物疾病的发生和发展。在中国古代，人们十分重视疫病的预防。

"治未病"包括两方面：一是未病先防，二是既病防变。加上病后防返，构成了中兽医学三级预防体系。

① 未病先防：中兽医学观点认为，加强饲养管理和合理使役是预防动物疾病发生的关键。过于饥渴时不能暴食暴饮，劳役前后不能饮喂过饱，饮水和草料必须清洁，不能混有杂物，有汗和料后不能立即饮水，膘大马、休闲马和夏季要减料等。在管理方面，提出厩舍要冬暖夏凉，经常打扫干净。在使役方面，提出要先慢步，后快步，快慢要交替使用；使役后不可立即卸掉鞍具，待休息后方可饮喂等。这些都是很好的经验，至今仍是饲养管理的重要准则。

② 既病防变：如果说未病先防是积极的预防措施，那疾病已经发生，就应及早诊断和治疗，以防止疾病的进一步发展与传变，这就叫作既病防变，也是"治未病"的重要内容。

一般情况下，疾病之初，病位较浅，病情多轻，病邪伤正程度轻浅，正气抗邪、抗损害和康复能力均较强，因而早期诊治有利于疾病的早日痊愈，防止因病邪深入而加重病情。外邪侵入机体后，如果不作及时处理，病邪就有可能逐步深入，由表入里，侵犯内脏，使病情越来越复杂，治疗也越来越困难，由此可见早期诊治的重要性。

除了早期诊治，还应该加强已病家畜的护理工作。护理工作是否得当直接关系着病情的发展和治疗效果。护理工作可以不仅要保持科学的饲养管理要求，还需具有针对性。如热病忌热，应将家畜拴于阴凉之处；寒病忌凉，不可至家畜于寒冷的环境；伤食者少喂、伤水者少饮、伤热者宜冷水饮等。这些科学的护理对既病防变起着很重要的作用。

③ 病后防返：中医治病提出"祛邪勿尽"以防疾病反复。在临床施治过程中，医者应该制定好治疗方案，做到根治疾病。同时应该告知动物主人相关注意事项和护理知识，以防疾病反复。病后防返涉及方面很广，传统医学主要提出了防食返、防交配返等，具体防返措施，应根据病征特点确定。

（2）治则　治则，即治疗动物疾病的法则。包括扶正与祛邪、治病求本、同治与异治、三因制宜和治疗与护养等方面的内容。这些原则，对于在临床上指导不同的证候，灵活运用不同的治法和处方用药具有重要的意义。

① 扶正与祛邪：疾病的过程，在一定意义上可以说是正气与邪气双方相互斗争的过程。正邪斗争的胜负，决定着疾病的进退，邪胜则病进，正胜则病退。因此，在治疗法则上也就离不开"扶正"和"祛邪"两个方面，即通过扶助正气或祛除邪气，借以改变正邪双方力量的对比，使疾病向痊愈的方面转化。总的来说，各种治疗措施都是根据扶正和祛邪这两个原则而制定的。

a. 扶正与祛邪的概念及其关系。扶正，就是使用补益正气的方药及加强病畜护养等方法，以扶助机体正气，提高机体抵抗力，达到祛除邪气，战胜疾病，恢复健康的目的。祛邪，就是使用祛除邪气的方药，或采用针灸、手术等方法，以祛除病邪，达到邪去正复的目的。

扶正与祛邪，虽然方法不同，但二者密切相关，相互为用，相辅相成。扶正，能使正气加强，有助于机体抗御和祛除病邪，也就是说扶正是为了更好地祛邪；祛邪，能够排除病邪的侵害和干扰，使邪去正安，也就是说祛邪的目的是保存正气以及有利于正气的恢复。因此，从这个意义上可以说"扶正即可以祛邪，祛邪即可以安正"。但由于在疾病过程中，正气是矛盾的主要方面，任何治疗措施都是通过畜体的生理功能而起作用的，因此中兽医学非常重视机体的内在因素，在扶正与祛邪二者之间尤其强调扶助正气。然而，无论是扶正还是祛邪都要运用适当，做到祛邪而不伤正，扶正又不留邪。

b. 扶正与祛邪的运用原则。扶正，适用于以正气虚为主而邪气也不盛的虚证，具体有益气、养血、滋阴、助阳等方法。祛邪，适用于以邪气盛为主而正气也未衰的实证，具体有发汗、攻下、清解、消导等方法。

中兽医学重视机体的内在因素，但并不排除外在因素的致病作用，亦不忽略祛除病邪在治疗上的重要作用。一般在临床运用的时候，需结合邪正盛衰消长的具体情况，根据正邪双方在疾病过程中所占的地位，区别扶正和祛邪的主次、先后，灵活掌握。当病情比较简单，或是正虚，或是邪实时，单独扶正或祛邪，即可达到治疗目的。但在很多疾病过程中，邪正虚实往往混杂出现，所以在运用中应把"扶正"与"祛邪"两方面辨证地结合起来，根据病畜的具体情况，分别采用"祛邪兼扶正""扶正兼祛邪""先扶正后祛邪""先祛邪后扶正"等方法，才能收到预期的效果。

"祛邪兼扶正"适用于邪盛为主，兼有正衰的病征。在处方用药时，应在祛邪的方剂中，稍加一些补益药。如治年老体虚、久病或产后津枯肠燥便秘的当归苁蓉汤就是一个实例。

"扶正兼祛邪"适用于正虚为主，兼有留邪的病征。在处方用药时应在补养的方剂中，稍加一些祛邪药。如治疗奶牛前胃弛缓而有食滞时就应采用此法。

"先扶正后祛邪"适用于正虚邪不盛，或正虚邪盛而以正虚为主的病征。如此时兼以祛邪，反而更伤正气，只有先扶正，待正气增强后再去祛邪。

"先祛邪后扶正"适用于邪盛正不太虚，或邪盛正虚的病征。如此时兼以扶正，反而会有留邪的弊端，故只能先祛邪，然后再扶正。如阳明腑证之热结肠腑，便闭不通，导致化燥化热而阴伤，则须急下存阴，以免热结愈甚而阴津更伤，故应先施以大承气汤泻下热结，待结去后再以养阴生津药物进行调理。

总之，扶正与祛邪是最基本的治则，在临床运用时，要根据病情，灵活掌握，特别是在需要扶正与祛邪同时并用时，应分清主次，有所偏重。

② 治病求本：本，指疾病的本质；标，指疾病的现象。治病求本，是指在治疗疾病时，必须寻求出疾病的本质，针对本质进行治疗。它是辨证论治的一个基本原则，对于疾病的治疗具有重要的指导意义。

治病求本的具体内容很多，中兽医提出的"标本缓急""正治反治"即体现了这一基本原则。

a. 治标与治本。标与本是一个相对的概念，常用来概括说明事物的本质与现象，因果关系以及病变过程中矛盾的主次关系等。就其在治则中的运用而言，应随疾病过程中的具体情况加以区分。以正邪关系言，则正气为本，邪气为标；就病因与症状言，则病因为本，症状为标；以病之先后言，则先病为本，后病为标，原发病为本，继发病为标；就病位表里言，则脏腑病为本，肌表经络病为标；就本质与现象关系言，则本质是本，现象属标。

一般来说，本是疾病的主要矛盾或矛盾的主要方面，起着主导和决定的作用；标是病变的次要矛盾或矛盾的次要方面，处于从属和次要的地位。辨证论治的一个根本原则，就是要抓住疾病的本质，并针对本质进行治疗。例如，马患结证而继发肠臌气时，结证为本，气胀为标；如果病势缓慢，气胀不重，只要破除结证之本，气胀之标也就随之消失。正如《景岳全书·求本论》说："直取其本，则所生诸病，无不随本皆退"。

但是，在疾病过程中矛盾是错综复杂的，在一定条件下是可以转化的。因此，标和本常有主次轻重的不同，治疗也就相应地有了先后缓急的区分。

急则治其标：指疾病过程中标证紧急，若不及时治疗就会危及患畜生命或影响本病治疗时所采取的一种急救治标法。例如，结证继发肠臌气，显然结证是本，臌气是标，但若臌气严重，病势急剧，如不能快速解除，就会危及患畜的生命，同时也影响了直肠人手破结，当务之急就应是穿刺放气或用其他办法解除气胀以治标，待气胀缓解后再破结通肠以治本。因此可见，急则治其标仅为权宜急救之法，待危象消除，病势缓解后还必须治本，才能拔除病根。

缓则治其本：指在一般情况下，凡病势缓而不急的，皆需从本论治，即所谓"治病必求于本",它对指导慢性病的治疗更有意义。如脾虚泄泻之证,若泄泻不甚,无伤津脱液的严重症状,只需健脾补虚,使脾虚之本得治,则泄泻之标自除。

标本兼治:当标病与本病俱重,在时间或条件上又不允许单独治标或单独治本时,应采取标本同治的方法。当然,标本同治,也不是治标与治本不分主次地平均对待,而是仍然要分清主次,有所着重。例如气虚感冒时,先病正气虚为本,后感外邪为标,单纯益气则表邪难去,仅用发汗解表则更伤正气,所以常采用益气为主兼以解表,标本同治的原则。

应当指出,在临床应用时,不能将急则治其标,缓则治其本的原则绝对化,急的时候也未尝不可治本。如亡阳虚脱,急用回阳救逆,就是治本;大出血后,气随血脱之时,急用益气固脱也是治本。同样,缓的时候也不是不可以治标,有时治标反更有利于治本。总之,在辨证论治中,分清疾病的标本缓急,是抓主要矛盾、解决主要问题的一个重要原则。急则先治是基本要求,治病求本才是关键。若标本不明,主次不清,势必影响疗效,甚至延误病机,造成不良后果。

b. 正治与反治。正治又称逆治,是逆着疾病症象而治的一种治疗法则。逆,是指所采用方药的性质与疾病症象的性质相反。临床上,大多数疾病的现象与疾病的本质是一致的。如热证表现为热象,寒证表现为寒象,虚证表现为虚象,实证表现为实象。此时,应采用正治法,即采用"热者寒之""寒者热之""虚者补之""实者泻之"的治疗法则。正治含有正规和常规治疗的意思,是临床上常用的治疗方法。

反治又称从治,是顺从疾病症象而治的一种治疗法则。从,是所指采用方药的性质与疾病症象的性质相同。临床上,有时会因病情复杂或病势严重,机体不能如常地反映出正邪相争的情况,而出现一些与疾病性质不相符合的假象。应透过现象,治其本质。由于疾病所表现出的症状与疾病的本质相反,所以采用了和疾病症象性质相同的药物来治疗,但实际上仍是逆着疾病的本质进行的治疗。反治法有下列几种:

热因热用,指用温热性药物治疗具有热象病征的方法。主要适用于阴寒内盛，阳气格拒于外而呈现体表温热，脉大，色红的真寒假热证。因热象是假，而阳虚寒盛才是其本质，故仍应以温热药进行治疗。

寒因寒用，指用寒凉性药物治疗具有寒象病征的方法。主要适用于里热极盛，格阴于外，证见四肢厥冷的真热假寒证。因寒象是假，而热盛才是其本质，故仍需用寒凉药物进行治疗。

塞因塞用，指用补塞性药物治疗具有闭塞不通病征的方法。主要适用于真虚假实证。如因中气不足，脾虚不运所致的脘腹胀满，就得用健脾益气，以补开塞的方法来进行治疗。

通因通用，指用通利的药物治疗通泄病征的方法。主要适用于真实假虚证。如由于食积停滞，影响运化所致的腹泻，则不仅不能用止泻药，反而应当用消导泻下药以去其积滞，方能奏效。

③ 同治与异治。同治与异治，即异病同治和同病异治。

a. 异病同治。指不同的疾病，由于病机相同或处于同一性质的病变阶段（证候相同），可以采用同一种治法。例如，久泄、久痢、脱肛、阴道脱和子宫脱等病征，凡属气虚下陷者，均可用补中益气的相同方法治疗。又如，在许多不同的传染病过程中，只要出现气分证（大热、大汗、大渴、脉洪大），都可以用清气（清热生津）的方法治疗。

b. 同病异治。指同一种疾病，由于病因、病机以及发展阶段的不同，而采用不同的治法。例如，同为感冒，由于有风寒和风热的不同病因和病机，治疗就有辛温解表和辛凉解表之分。又如，同属外感温热病，由于有卫、气、营、血四个病变阶段（证候不同），治疗也相应地有解表、清气、清营和凉血的不同治法。

④ 三因制宜：三因制宜，包括因时制宜、因地制宜和因畜制宜三个方面。中兽医学认为动物体与外界环境之间有着密切的关系，四时气候、地域环境以及患畜本身的性别、年龄、体质等因素，对于疾病的发生、发展变化与转归，都有着不同程度的影响。因而，在治疗疾病时，就必须根据这些具体因素，区别对待，采取相应的治疗措施。

a. 因时制宜。就是根据不同季节的气候特点来考虑治疗用药的原则。如春夏季节，气候由温渐热，阳气升发，动物腠理疏松开泄，即使是患外感风寒，也不宜过用辛温发散之品，以免开泄太过，耗伤阳气；而秋冬季节，气候由凉变寒，阴气日增，动物腠理致密，阳气内敛，此时若非大热之证，就当慎用寒凉之品，以防苦寒伤阳。再如，暑邪致病带有明显的季节性，且暑多挟湿，故暑天治病，应注意清暑化湿。

b. 因地制宜。就是根据不同地区的地理环境特点来考虑治疗用药的原则。如南方气候炎热而潮湿，病多湿热或温热，故多用清热化湿之品；北方气候寒冷而干燥，病多风寒或燥证，故常用温热润燥之味。即或是同一种疾病，地域不同，采用的治则可能也不同，如同为感冒，在东南地区，以风热为多，常用辛凉解表之法；而在西北地区，则以风寒居多，常用辛温发汗之法。即使相同的病征，治疗用药也应当考虑不同地域的特点，如外感风寒证，在西北、东北严寒地区，药量可以稍重，而在南方温热地区，药量就应稍轻。

c. 因畜制宜。就是根据动物年龄、性别、体质等不同特点来考虑治疗用药的原则。

年龄：成年动物正气旺盛，体质强健，病多实证，治宜攻邪泻实，药量也可稍重。老龄动物生机减退，脏腑气血已衰，病多虚证或虚中挟实，治疗时要注意扶正补虚，即令祛邪也勿伤其正。幼龄仔畜生机旺盛，但脏腑娇嫩，气血未充，因而治疗幼仔疾患，忌用峻剂，药量宜轻。此外，幼畜多外感病和胃肠病，故又当重视宣肺散邪和调理脾胃功能。

性别：性别不同，生理、病理特点各异，治疗用药也各有不同。母畜有经产、妊娠、分娩等特点，治疗时要注意安胎，通经下乳，妊娠禁忌等问题。公畜有精室及性功能等特有病征，治疗多应补肾滋阴。

体质：体质不同，机体的反应性也不相同，病征的属性有别，治法方药也就当有所不同。一般说来，体质强壮者，其病多为实证、热证，其体耐受攻伐，药量稍重也无妨；体质瘦弱者，其病多为虚证、寒证或虚中挟实，其体不耐克伐，应注意采用温补之剂，即令有邪而挟实，也应攻补兼施。

三因制宜的原则，充分体现了中兽医治病的整体观念和在实际应用时的原则性和灵活性。只有把天时气候、地域环境、患畜的年龄、性别、体质因素，同疾病的病理变化结合起来全面分析，采用适宜的方法，才能取得较好的疗效。

⑤ 治疗与护养：针药治疗与护理调养，是医治动物疾病不可分割的两个方面。俗话说："三分治疗，七分护理。"经验证明，对病畜护养的好坏，直接影响治疗效果。《三农记》中指出："人但知药能治病，而不知调护，无药而治也。"《元亨疗马集·七十二症》中，每症也多有调理一项。例如，提出"寒病忌凉，不可寒夜外拴，宜养于暖厩之中；热病忌热，栅内不可过温，宜拴于阴凉之处；伤食者少喂，伤水者少饮，伤热者宜饮凉水，伤冷者宜饮温水；表散之病忌风，勿拴巷道檐下；四肢拘挛，步行艰难之病，则昼夜放纵；低头难者宜用高槽；肩膀痛者宜用低槽；破伤风患畜，背上宜搭毡毯，养于安静光暗之厩舍，时时给以粒状饲料；患腰瘫腿瘾者，必须在卧地多垫软草，不可卧于潮湿之处；患肚痛起卧者，必须专人照料，防止跌滚。"凡此种种，都是前人的宝贵经验，说明中兽医对病畜的护养工作向来十分重视，值得我们很好地学习运用。

（3）治法　治法，指临证时对某一具体病征所确定的治疗方法，是治则理论在临床中的具体应用，主要包括内治法和外治法。

① 内治法：

a. 八法。八法，即汗、吐、下、和、温、清、补、消八种药物治疗的基本方法。药物治疗是临床上应用最为广泛的一种方法，而八法又是其中最为主要的内容。正如《医学心悟》所说："论病之原，以内伤外感四字括之。论病之情，以寒、热、虚、实、表、里、阴、阳八字统之。而论治病之方，则又以汗、和、下、消、吐、清、温、补八法尽之。盖一法之中，八法备焉，八法之中，百法备焉。"

汗法又称解表法，是运用具有解表发汗作用的药物，以开泄腠理，祛除病邪，解除表证的一种治疗方法。主要用于治疗表证。外邪致病，大多先侵犯肌表，继则由表及里，当病邪在肌表，尚未传里时，应采取发汗解表法，使表邪从汗而解，从而控制疾病的传变，达到早期治疗的目的。由于表证有表寒、表热之分，汗法又分辛温解表和辛凉解表两种：辛温解表主要由味辛性温的解表药如麻黄、桂枝、紫苏、生姜等组成方剂，适用于表寒证，代表方为麻黄汤、桂枝汤等；辛凉解表主要由味辛性凉的解表药如薄荷、柴胡、桑叶、菊花等组成方剂，适用于表热证，代表方为银翘散、桑菊饮等。

根据兼证的不同，汗法又有加减之变通。如阳虚者，宜补阳发汗；阴虚者，宜滋阴发汗；兼有湿邪在表的，如风湿证，则应于发汗药中配以祛风除湿药。

使用汗法时，应注意：体质虚弱、下痢、失血、自汗、盗汗、热病后期等有津亏情况时，原则上禁用汗法，若确有表证存在，必须用汗法时，也应妥善配以益气、养阴等药物；发汗应以汗出邪去为度，不可发汗太过，以防耗散津液，损伤正气；夏季或平素表虚多汗者，应慎用辛温发汗之剂；发汗后，应忌受寒凉。

吐法又称涌吐法或催吐法，是运用具有涌吐性能的药物，使病邪或有毒物质从口中吐出的一种治疗方法。主要适用于误食毒物、痰涎壅盛、食积胃脘等证。代表方为瓜蒂散、盐汤探吐方等。吐法是一种急救方法，用之得当，收效迅速，用之不当，易伤元气，损伤胃脘。因此，如非急证，只是一般性的食积、痰壅，尽可能用导滞、化痰的方法，特别是马属动物，由于生理特点不易呕吐，更不适用吐法。

使用吐法时，应注意两点：心衰体弱的病畜不可用吐法；怀孕或产后、失血过多的动物，应慎用吐法。

下法又称攻下法或泻下法，是运用具有泻下通便作用的药物，以攻逐邪实，达到排除体内积滞和积水，以及解除实热壅结的一种治疗方法。主要适用于里实证，凡胃肠燥结、停水、虫积、实热等证，均可以用本法治疗。根据病情的缓急和患病动物体质的强弱，下法通常分攻下、润下和逐水三类。

攻下法也称峻下法，是使用泻下作用猛烈的药物以泻火、攻逐胃肠内积滞的一种方法。适用于膘肥体壮，病情紧急，粪便秘结，腹痛起卧，脉洪大有力的病畜。代表方为大承气汤。

润下法也称缓下法，是使用泻下作用较缓和的药物，治疗年老、体弱、久病、产后气血双亏所致津枯肠燥便秘的一种治疗方法。代表方为当归苁蓉汤。

逐水法是使用具有攻逐水湿功能的药物，治疗水饮聚积的实证如胸水、腹水、粪尿不通等的一种治疗方法。代表方是大戟散。

使用下法时，应注意：表邪未解不可用下法，以防引邪内陷；病在胃脘而有呕吐现象者不可用下法，以防造成胃破裂；体质虚弱，津液枯竭的便秘不可峻下；怀孕或产后体弱母畜的便秘不可峻下；攻下、逐水法，易伤气血，应用时必须根据病情和体质，掌握适当剂量，一般以邪去为度，不可过量使用或长期使用。

和法又称和解法，是运用具有疏通、和解作用的药物，以祛除病邪，扶助正气和调整脏腑间协调关系的一种治疗方法。主要适用于病邪既不在表，又未入里的半表半里证和脏腑气血不和的病征（如肝脾不和）。前者的代表方为小柴胡汤，后者为逍遥散、痛泻要方。

使用和法时，应注意：病邪在表，未入少阳经者，禁用和法；病邪已入里的实证，不宜用和法；病属阴寒，证见耳鼻俱凉，四肢厥逆者，禁用和法。

温法又称祛寒法或温寒法，是运用具有温热性质的药物，促进和提高机体的功能活动，以祛除体内寒邪、补益阳气的一种治疗方法。主要适用于里寒证或里虚证。根据"寒者热之"的治疗原则，按照寒邪所在的部位及其程度的不同，温法又可分为回阳救逆、温中散寒、温经散寒三种。

回阳救逆适用于肾阳虚衰，阴寒内盛，阳虚欲脱的病征。代表方为四逆汤。

温中散寒适用于脾胃阳虚所致的中焦虚寒证。代表方为理中汤。

温经散寒适用于寒气偏盛，气血凝滞，经络不通，关节活动不利的痹证。代表方为黄芪桂枝五物汤。

使用温法时，应注意：素体阴虚，体瘦毛焦，阴液将脱者不用温法；热伏于内，格阴于外的真热假寒证禁用温法。

清法又称清热法，是运用具有寒凉性质的药物，清除体内热邪的一种治疗方法。主要适用于里热证。临床上常把清法分为清热泻火、清热解毒、清热凉血、清热燥湿、清热解暑几种。

清热泻火适用于热在气分的里热证。由于热邪所在脏腑的不同，选择的方剂也不同，如白虎汤、麻杏甘石汤、龙胆泻肝汤、清胃散等。

清热解毒适用于热毒亢盛所引起的病征。如疮黄肿毒等。代表方有消黄散、黄连解毒汤等。

清热凉血适用于温热病邪入于营分、血分的病征。代表方有清营汤、清热地黄汤等。

清热燥湿适用于湿热证。根据湿热所在的脏腑不同，选用的方剂也不同，如茵陈蒿汤、白头翁汤、八正散等。

清热解暑适用于暑热证。代表方为香薷散。

使用清法时，应注意：表邪未解，阳气被郁而发热者禁用清法；体质素虚，脏腑本寒，胃火不足，粪便稀薄者禁用清法；过劳及虚热证禁用清法；阴盛于内，格阳于外的真寒假热证禁用清法。

补法又称补虚法或补益法，是运用具有营养作用的药物，对畜体阴阳气血不足进行补益的一种治疗方法。适用于一切虚证。因临床上虚证有气虚、血虚、阴虚、阳虚的不同，故补法也就分为了补气、养血、滋阴、助阳四种。

补气适用于气虚证，是运用补气的药物如党参、黄芪、白术等以增强脏腑之气的方法。代表方有四君子汤、参苓白术散、补中益气汤等。因气能生血，故在以补血法治疗血虚时，也应注意补气以生血。

补血适用于血虚证，是运用补血的药物如当归、白芍、阿胶等以促进血液化生的方法。代表方为四物汤、当归补血汤等。

滋阴适用于阴虚证，是运用补阴的药物如熟地、枸杞子、麦冬等以补阴精或增津液的方法。代表方为六味地黄丸。

助阳适用于阳虚证，是运用补阳的药物如巴戟天、淫羊藿、肉苁蓉等以壮脾肾之阳的方法。代表方为肾气散。

气血阴阳是相互联系的，气虚常兼血虚，血虚常导致阴虚，气虚亦常导致阳虚，所以在使用补法时，必须针对病情，全面考虑，灵活运用，才能取得较好的疗效。

脾胃乃后天之本，水谷之海，气血生化之源，所以补气血应以补中焦脾胃为主；肾与命门为水火之脏，是真阴真阳化生之源，所以补阴阳应以补下焦肾与命门为主。

通常情况下，补不宜急，"虚则缓补"。但在特殊情况下，如大出血引起的虚脱证，必须用急补法。

使用补法时，应注意：在一般情况下，使用补法切忌纯补，应于补药之中配合少量疏肝和脾之药，达到补而不腻的目的，否则，易造成脾胃气滞，影响消化，不仅妨碍食欲，而且对药物的吸收也有限制，影响补益效果；应注意"大实有虚象"，诊断时必须认清虚实的真假，避免"误补益疾"的错治；在邪盛正虚或外邪尚未完全消除的情况下，忌用纯补法，以防"闭门留寇"而致留邪之弊。

消法又称消导法或消散法，是运用具有消散破积作用的药物，以达到消散体内气滞、血瘀、食积等的一种治疗方法。临床上常用的有行气解郁、活血化瘀、消食导滞三种。行气解郁适用于气滞证。常用方剂如越鞠丸等。

活血化瘀适用于瘀血停滞的瘀血证。常用方剂如桃红四物汤等。

消食导滞适用于胃肠食积，常用方剂如曲蘖散等。

消法用于食积时，其作用与下法相似，都能驱除有形之实邪，但在临床运用上又有所不同。

下法着重解除粪便燥结，目的在于猛攻逐下，作用较强，适应急性病征；而消法则具有消积运化的功能，目的在于渐消缓散，作用缓和，适应慢性病征。

消法虽较下法作用缓和，但过度使用也可使患畜气血损耗，因此，当孕畜和虚弱动物患有积食、气滞、瘀血等证时，应配合补气养血药使用，并掌握好剂量。

b. 八法并用。汗、吐、下、和、温、清、补、消八种治疗方法，各有其适用范围，但疾病往往是错综复杂的，有时单用一种方法难以达到治疗目的，必须将八法配合使用，才能提高疗效。

攻补并用：实证宜攻，虚证宜补，这是治疗的常规，但在临证时亦应灵活运用。如正虚而邪实的病征，若单纯用补法，会使邪气更加固结；若单纯用攻法，又恐正气不支，造成虚脱。在这种情况下，既不能先攻后补，也不能先补后攻，必须采取攻补并用的治疗方法，祛邪而又扶正，才是两全之计。临床上年老体弱或久病、产后动物所患的症结，就属于这种正虚邪实的症候，常用当归苁蓉汤等方剂，以当归、黄芪等药补气血，大黄、芒硝等药攻结粪，以期达到邪去正复的目的。

温清并用：温法和清法本是两种互相对抗的疗法，原则上不能并用。但对寒热错杂的病征，如单纯使用温法或清法，皆会偏盛一方，引起不良的变证，使病情加重。对此，必须采取温清并用的方法，才能使寒热错杂的病情，趋于协调。例如，肺脏有火，表现气促喘粗，双鼻流涕，鼻液黏稠，口色鲜红；肾脏有寒，表现尿液清长，肠鸣便稀，舌根流滑涎，即为上热下寒的特有症状，对此病征只能温清并用。常用方剂为温清汤（知母、贝母、苏叶、桔梗、桑枝、郁李仁、白芷、官桂、二丑、小茴香、猪苓、泽泻）。此外，为了协助治疗兼证，也有温清并用的情况，如白术散治胎病，方中以温补为主，补脾养血，但因热能动血，故用黄芩以清热。

消补并用：消补并用是把消导药和补养药结合起来使用的治疗方法。对正气虚弱，复有积滞，或积聚日久，正气虚弱，必须缓治而不能急攻的，皆可采取消补并用的方法进行治疗。如脾胃虚弱，消化不良，又贪食精料，致使草料停积胃中所形成的宿草不消，单用消导药效果不够显著，最好配合补养药，如用党参、白术以补脾胃，枳实、厚朴以宣气滞，神曲、麦芽、山楂以导积滞，即为消补并用的方法。临床上常将四君子汤和曲蘖散合用，就是这个道理。

汗、下、清并用：邪在表宜用汗法，邪在里宜用下法，有热邪宜用清法，如果既有表证，又有里证，且又寒热错杂之时，则当汗、下、清三法并用。例如，动物在夏季，内有实火，证见口腔干燥、粪干尿赤、苔黄厚、脉洪数，又外受雨淋，复患风寒感冒，又见发热、恶寒、精神沉郁、食欲不振等表证，对于这种风寒袭于表，蕴热结于里的复杂证候，应当采取汗、下、清三法并用，用麻黄、桂枝等疏散在表之邪，使其从汗而解，又用大黄、芒硝之类通利大肠，使实结从大便而解，更用栀子、黄芩等清除在里之热，共奏解表、泻下、清热之效。防风通圣散就是汗、下、清三法并用的方剂。

② 外治法：外治法是不通过内服药物的途径，直接使药物作用于病变部位的一种治疗方法。同内治法一样，在应用外治法时，要根据辨证的结果，针对不同的病征，选择不同的治法。外治法内容丰富，临床常见有贴敷、掺药、点眼、吹鼻、熏、洗、口噙、针灸等方法。

贴敷法。把药物碾成细面，或把新鲜药物捣烂，加酒，或醋，或蛋清，或植物油，或水调和，贴敷在患部，使药物在较长时间内发挥作用。凡疮疡初起、肿毒、四肢关节和筋骨肿痛以及体外寄生虫，常用不同处方的药物贴敷。如《元亨疗马集》中雄黄散用醋水调敷治疗疮疡初起，有清热消肿解毒的功用。

掺药法。疮疡破溃后，疮口经过清理，在患部撒上药面叫掺药法。根据所用方药的不同，可具有消肿散瘀、拔毒去腐、止血敛口、生肌收口等不同作用。消肿散瘀的方药如治马心火舌疮的冰硼散、拔毒去腐的如九一丹等，多用于疮疡初期脓多之证；止血敛口常用的桃花散，不仅有止血、结痂、促进伤口愈合的作用，还有防止毒物吸收等作用；生肌收口常用的生肌散，适用于疮疡溃后久不收口。

点眼法：将极细药面或药液滴入眼中，以达明目退翳的作用的方法。常用的有拨云散。

吹鼻法：将药面吹入鼻内，使患畜打喷嚏，以达到理气辟秽、通关利窍作用的方法。如通关散吹鼻内治疗冷痛及高热神昏、痰迷心窍等。

熏法：将药物点燃后用烟熏治疗某些疾病的方法，如用硫黄熏治羊疥癣，用艾叶熏治袖口黄。

洗法：将药物煎熬成汤，趁热擦洗患部，以达活血止痛、消肿解毒作用的方法。常用于跌打损伤、疥癫、脱肛等。如防风汤，水煎去渣，候温洗直肠脱出部。

口噙法：将药面装入长形纱布袋内，两端系绳噙于口内，以达清热解毒、消肿止痛的作用的方法。如将青黛散装入纱布袋内，噙于口内，治疗心火舌疮。

针灸疗法：运用各种不同针具，或用艾灸、熨、烙等方法，对动物体表的某些穴位或特定部位施以适当的刺激，从而达到治疗目的的方法。

2. 猪病征防治

（1）猪病毒性疾病的中草药防治

① 猪瘟：猪瘟是猪的一种急性、热性、高度接触性传染病。其特征：急性型呈败血性变化，实质器官出血，坏死。亚急性型和慢性型除见不同程度的败血性变化外，还发生纤维素性、坏死性肠炎。本病一年四季均可发生，不同品种、年龄、性别的猪均易感染。

【病因病机】因未按免疫程序进行免疫或免疫失败，导致猪体抗御特异病原能力丧失，若直接或间接接触该病疫邪，疫邪乘虚而入引起发病。疫疠之气直入营血充斥表里可致高热稽留，全身痉挛，四肢抽搐，皮肤黏膜青紫，出血，并很快死亡；热邪伤肝，肝开窍于目，故见眼结膜潮红肿胀，眼屎增多，眼睑粘连；热结于肠可见大便秘结或便秘与腹泻交替出现；热伤于肾，冲任不固则引起母猪流产、早产、死胎、弱胎等。

【主证】本病的潜伏期一般为5~7d，最短的2d。根据病程长短和临诊症状可分为最急性型、急性型、亚急性型、慢性型、繁殖障碍型、温和型和神经型。

最急性型：多见于流行初期，主要表现为突然发病，高热稽留，体温可达41℃以上，全身痉挛，四肢抽搐，皮肤和可视黏膜发绀、有出血点，倒卧地上，很快死亡，病程1~5日。

急性型：体温升高到41~42℃，稽留不退；精神沉郁，行动缓慢，头尾下垂，嗜睡，发抖，行走时拱背，不食。病猪早期有急性结膜炎，眼结膜潮红。眼角有多量脓性分泌物，甚至使眼睑粘连。口腔黏膜发绀、有出血点。公猪包皮积尿，用手可挤出浑浊恶臭尿液。病初出现便秘，排出球状并带有血么么或伪膜的粪块，随病程的发展呈现腹泻或腹泻便秘交替出现。皮肤初期潮红充血，随后在耳、颈、腹部、四肢内侧出现出血点和出血斑。死亡前期，体温下降至常温以下，病程一般1~2周。

亚急性型：症状与急性型相似，但较缓和，病程一般3~4周。不死亡者常转为慢性型。

慢性型：主要表现消瘦，全身衰弱，体温时高时低，便秘腹泻交替，被毛枯燥，行走无力，食欲不佳，贫血。有的病猪在耳端、尾尖及四肢皮肤上有紫斑或坏死痂，病程一个月以上。病猪甚难恢复，不死者长期发育不良，常成为僵猪。

繁殖障碍型（母猪带毒综合征）：孕猪感染后可不发病，但长期带毒，并能通过胎盘传给胎儿。孕猪流产，早产，产死胎、木乃伊胎，弱仔或新生仔猪先天性头部和四肢颤抖，存活的仔猪可出现长期病毒血症，一般数天后死亡。

温和型：症状较轻且不典型，有的耳部皮肤坏死，俗称干耳朵；有的尾部坏死，俗称干尾巴；有的四肢末端坏死，俗称紫斑蹄。病猪发育停滞，后期四肢瘫痪，不能站立，部分病猪跗关节肿大。病程一般半个月以上，有的经2~3个月后才能逐渐康复。

神经型：多见于幼猪。病猪表现为全身痉挛或不能站立，或盲目奔跑，或倒地痉挛，常在短期内死亡。

【防治】目前本病尚无特效药物治疗，应以免疫接种等综合预防措施来控制本病的发生。有的采取一些对症疗法和中药治疗，可获得一定疗效。

治宜清热解毒、活血化瘀、凉血救阴，可选用下列方法之一进行治疗。

玄参14g、连翘13g、桔梗16g、枳壳14g、荆芥7g、车前子16g、麦冬16g、生地7g、知母30g、生石膏30g、薄荷7g、银花25g、蒲公英25g、甘草10g，共为细末，白米粥为引冲灌，每天1剂，分2次服用。该方对早期温和型猪瘟有一定疗效。

早期：白虎汤加减，生石膏40g（先煎）、知母20g、生山栀10g、板蓝根20g、玄参20g、金银花10g、大黄30g（后下）、炒枳壳20g、鲜竹叶30g、生甘草10g，每天1剂，连用3~5剂。中晚期：清瘟败毒饮，生石膏24g、生地黄6g、水牛角12g、黄连5g、栀子6g、牡丹皮5g、黄芩5g、赤芍5g、玄参5g、知母6g、连翘6g、桔梗5g、甘草3g、淡竹叶5g，水煎灌服，每天1剂，连用3~5剂。

白砒卡耳：取一耳的中下部无血管处的背侧，用宽针在皮下刺成一皮下囊，放入适量白砒（约0.06g），再将白酒0.5毫升滴入针眼内，用胶布覆盖针眼即可。药用：板蓝根30g、生石膏100g、生地30g、桔梗20g、黄连15g、黄芩20g、栀子20g、玄参20g、连翘30g、知母30g、丹皮20g、金银花20g、红花20g、桃仁20g、赤芍15g、大黄40g、芒硝100g、鲜竹叶20g、甘草20g（50kg体重的用量），水煎2次，取汁候温灌服。粪稀减大黄、芒硝，渴甚者加花粉、麦冬各20g。此法对早期温和型猪瘟有一定效果。

② 猪繁殖与呼吸系统综合征：猪繁殖与呼吸系统综合征是近年来对养猪业损害较大的一种传染病。其特征：厌食、发烧、孕猪发生流产、产死胎弱仔，仔猪死亡率增高，新生仔猪至育肥猪发生呼吸道症状。本病一年四季均可发生，不同品种、性别、年龄的猪都可感染，但以繁殖母猪和仔猪较易感。

【病因病机】一旦病原传至，经口鼻、胎盘或配种等均可传入猪体，若再遇猪舍卫生条件差，饲养密度大、高湿、低温等不良因素致猪非特异免疫力进一步降低，即可暴发本病。邪热在外则表现发热、食欲不振；邪热入里，壅闭肺气，使肺失宣降，肺气上逆而见呼吸困难或急促；伤于肾，则冲任不固引起流产或早产；母病及子故见仔猪死亡率高；热邪伤气则气滞血瘀，可见双耳、外阴、尾部、腹部、皮肤及口鼻黏膜青紫发绀。

【主证】猪感染猪繁殖与呼吸系统综合征病毒后，由于饲养管理条件、猪体健康状况、环境条件、有无继发感染等不同，症状不尽相同。临床症状多样性和亚临床感染较多为本病特点。在临床上一般分急性型、慢性型、亚临床型。

急性型初期：一般持续1～3周，主要症状为发热，食欲不振，嗜睡和精神沉郁。幼猪呼吸困难和呼吸急促。另外，少数病猪（5%以下）可在双耳、外阴、尾部、腹部和臀部等部位出现一过性（数小时或数天）的青紫、发绀。高峰期：一般持续8～12周，主要症状为妊娠母猪早产、流产、产死胎、木乃伊胎儿及弱仔；哺乳仔猪死亡率高。同时，部分母猪和其他猪出现中等程度呼吸系统症状。末期：生殖功能逐渐恢复，仔猪和生长猪发生不同程度呼吸系统症状。

慢性型仔猪成活率较正常低，生长缓慢，容易继发感染。

亚临床型无临诊症状，但血清学检查呈阳性。

【防治】目前对本病尚无特效的治疗方法，必须以预防为主。选用中药治宜清热解毒、宣肺、安胎。

可试用于仔猪或育成猪：大青叶9g、板蓝根9g、麻黄15g、桔梗9g、银花9g、黄芩9g、连翘12g、杏仁6g、百部9g、炙甘草6g，加水煎2次，合并2次滤液，浓缩到1∶1浓度，每千克体重2mL，灌服，每天1次，连用3～5次。

怀孕母猪：黄体酮注射液25mg，一次肌肉注射；配合中药白术散（白术30g、当归25g、川芎15g、党参30g、甘草15g、砂仁20g、熟地黄30g、陈皮25g、紫苏梗25g、黄芩25g、白芍20g、炒阿胶30g），每次60克拌入饲料中喂给，每天1次，连用5d。

③ 猪流行性乙型脑炎：猪流行性乙型脑炎又称日本乙型脑炎，是一种人兽共患的传染病。其特征：母猪流产和产死胎，公猪发生睾丸炎，少数猪特别是仔猪呈现典型脑炎症状，如高热、狂暴、沉郁等。本病的发生有明显的季节性，主

要发生在蚊子猖獗的夏秋季节,不同品种、性别、年龄的猪均可感染。但多呈隐性过程,幼猪和初产母猪发病有明显的临床症状。

【病因病机】由于未按程序免疫或免疫失败,造成猪体对该病的特异病原体抵抗力降低或丧失,夏秋季节遭带毒蚊子叮咬而发病;母病及子也是导致仔猪发病的重要原因。热邪直入气分,气分热盛故见高热稽留,精神沉郁,食欲减少,口渴多饮小便短赤;热邪伤肝,肝开窍于目,故见结膜潮红;热结大肠故见粪便干燥;热伤于肾,冲任不固可见母猪流产、早产,公猪睾丸肿胀热痛;热入营血扰乱心神故见转圈、磨牙、盲目冲撞、口流白沫等神经症状。

【主证】突然发病,体温升高40~41℃,稽留,可持续几天至十几天。精神沉郁,食欲减退,饮欲增加,喜卧嗜睡。结膜潮红,粪便干燥,尿呈深黄色。仔猪可发生神经症状,磨牙,口流白沫,转圈,视力障碍,盲目冲撞,倒地不起而死亡。怀孕母猪突然发生早产、流产,产木乃伊胎儿、死胎、弱仔等。死胎儿大小不等,小的如人的大拇指,大的与正常胎儿无明显的差别,但多为死胎。弱仔产下后几天内出现痉挛症状,抽搐死亡。母猪流产后,症状很快减轻,体温、食欲慢慢恢复。也有部分母猪流产后,胎衣滞留,发生子宫炎,发烧不退,并影响下次发情和怀孕。公猪发病后,可出现单侧或双侧的睾丸炎,睾丸肿大、发红、发热、手压有痛感,体温稍升高。大多患病数日后,肿胀消退,逐渐恢复正常。少数患猪睾丸逐渐萎缩变硬,性欲减退,精子活力下降,失去配种能力而被淘汰。病猪可以通过精掖排出病毒。

【防治】预防应注意保持猪场的环境卫生,排除积水,消灭蚊蝇,定期消毒,杜绝传染媒介。一般对后备公、母猪在乙脑流行季节前1个月,采用乙脑弱毒疫苗免疫注射两次(间隔10~15d),以后每年注射1次即可。夏秋季分娩的初产母猪,经免疫后产活仔率可由50%提高到90%以上。

本病一般无特效疗法,可用抗生素和磺胺类药物防止并发症。以下治疗方法,供选择试用。

康复猪血清40mL一次肌肉注射。10%磺胺嘧啶钠注射液20~30mL,25%葡萄糖注射液40~60mL,一次静脉注射。生石膏120g、板蓝根120g、大青叶60g、生地30g、连翘30g、紫草30g、黄芩20g、拳参30g,热闭心包可去连翘、黄芩加石菖蒲、钩藤。水煎，成猪一次灌服，每天一剂，连用3~5d；小猪每剂分3~4次灌服。母猪出现流产先兆可参照"繁殖与呼吸系统综合征"治法试治。

大青叶30g，黄芩、栀子、丹皮、紫草各10g、黄连3g、生石膏100g、芒硝6g、鲜生地50g。水煎至100mL，候温灌服。

板蓝根、生石膏各100g、大青叶60g、生地50g、连翘、紫草各30g、黄芩18g。水煎取汁一次灌服。

板蓝根注射液40mL（相当生药20g），肌肉注射，每天1次，连用3次或4次。

④ 猪流行性感冒：猪流行性感冒简称猪流感，是由猪流感病毒引起的一种急性、热性、高度接触性传染病。其特征：发病急、传播快、发病率高、死亡率低，病猪表现发热，肌肉或关节疼痛和呼吸道症状。本病的发生有明显的季节性，于秋末、寒冬、早春多发，不同品种、性别、年龄的猪均易感。

【病因病机】因饲养管理不良，长途运输过于疲劳，拥挤等致猪体虚弱，卫外不固；当气候骤变、冷热失常时，风邪疫毒乘虚而入，侵犯肺卫，肺失宣降而致本病。因邪毒犯肺故有咳嗽、流涕、气喘等。

【主证】潜伏期2~7d，病初体温突然升高至40.3~42℃，食欲减少或食欲废绝，精神沉郁，呼吸急促，喷嚏，咳嗽。鼻流出浆液性或浆液脓性鼻汁，眼结膜潮红、流泪并有分泌物。肌肉、关节疼痛，病猪躺卧，不愿站立或行走，强迫行走，表现跛行。病程一般4~7d，大部分病猪自行康复，极少死亡。若继发支气管肺炎，则病情加重，甚至发生死亡。

【防治】在阴雨潮湿和气候剧变的季节，要保持猪舍清洁、干燥、防寒、保暖，定期驱除猪丝虫和消灭蚯蚓。发现病猪应立即隔离治疗，栏舍彻底消毒，以防病情蔓延。本病因无特效药，故一般采用对症疗法以及用抗生素类药物抗继发感染。常见的疗法如下（药量均按50kg体重猪计算）。

柴胡注射液2~5mL；青霉素120万IU肌肉注射，每天2次。

贯众60g，水煎，分2次灌服。

柴胡30g、紫苏15g、葛根30g、知母15g、麦冬15g、芦根30g。水煎，候温灌服。

金银花、连翘、黄芩、柴胡、牛蒡子、陈皮、甘草各15~20g。水煎，候温灌服。

大青叶、板蓝根各15g，金银花、荆芥、防风、桂枝各10g。肌肉疼痛者加牛膝、木瓜各15g；咳喘者加马兜铃、麻黄各10g，杏仁5g；高热者加黄芩、黄檗、黄连各10g；食欲减退者加神曲、麦芽各15g，槟榔末5g；拉稀粪且发热者加白头翁、黄檗各15g、秦皮10g。煎汤灌服，每天1剂，1或2剂见效，可再服1或2剂巩固疗效。

青蒿25g、银柴胡25g、桔梗25g、黄芩25g、连翘25g、银花25g、板蓝根25g。高热不退伴阵咳，且粪干硬者加生石膏、知母、紫草；全身骨节疼痛者加桑叶、葛根、荆芥；体虚者加党参、黄芪、何首乌、甘草。煎汤灌服。

⑤ 猪传染性胃肠炎：猪传染性胃肠炎是由猪的传染性胃肠炎病毒引起的猪的一种高度接触性肠道传染病。其特征：呕吐，水样腹泻，脱水和新生仔猪病死率高。本病多发于冬春寒冷季节，各种品种、性别、年龄的猪均可感染发病，但7日龄以内仔猪发病率和死亡率高（近乎100%），断奶后幼猪、育肥猪、成猪发病症状轻微，多能自然康复。

【病因病机】由于猪场卫生条件差，湿热毒邪污染饲料、饮水、用具等，加之冬春季节天气寒冷猪舍湿度高，饲养密度大，使猪体卫外能力下降，湿热毒邪经口鼻而入导致本病发生。湿热疫毒内侵，湿热相搏，里结胃肠，故出现呕吐；脾阳不振，水湿运化失司，如命门火衰，不能蒸化水湿，水湿下注而成泻痢。

【主证】潜伏期很短，一般为18h~3d，传播非常迅速，2~3d可传遍全群。

仔猪突然发病，先发生呕吐，吐出白色乳块并混有少量黄色液体，接着发生水样腹泻，粪便呈黄绿色或灰白色，带有未消化的凝乳块，有恶臭。部分病猪初期体温升高，发生腹泻后体温下降。病猪极度脱水，体重明显下降，被毛粗乱，出现口渴，日龄越小，病程越短，病死率越高，一般在1周内死亡。耐过痊愈仔猪发育不良，常成为僵猪。

断奶猪、育成猪和成年猪症状较轻。食欲不振，个别猪呕吐，水样腹泻，呈喷射状，粪水呈黄绿色或灰白色。哺乳母猪泌乳量下降或停止。一周左右好转康复，极少死亡。发病猪体温一般正常或低于正常。

【防治】预防首先要注意饲养管理，在晚秋至早春之间的寒冷季节，不要引进带毒猪，搞好清洁卫生，定期消毒。目前仍无有效药物治疗，一般采取对症疗法，如止泻、输液等，可采用以下方法试治。

氯化钠3.5g、氯化钾1.5g、碳酸氢钠2.5g、葡萄糖20g，常水1000mL。配成口服液，让其自饮。为防止继发感染，对2周龄以下的仔猪可适当应用抗生素及其他抗菌药物。

铁苋菜、地锦草、老鹳草、酢浆草各60g，煎汤，候温灌服。

大黄10g、白芍12g、白头翁15g、地榆炭12g、乌梅15g、诃子15g、黄连9g、甘草12g、车前子12g（25kg猪的剂量）。煎汤，候温灌服。

取黄檗100g加水煎至200mL，候温，直肠灌注，1剂三煎当天早晚各灌注1次，次日再灌注1次。

苍术20g、白术20g、川朴20g、桂枝15g、陈皮20g、泽泻20g、猪苓20g、茯苓20g、甘草15g，水煎取汁灌服。粪干者加大黄或人工盐；腹胀加木香、莱菔子；体弱加党参、当归、肉苁蓉；体温偏低加附子、肉桂、小茴香；胃寒加干姜或生姜；有表证者重用桂枝；水泻不止加补骨脂、豆蔻、吴茱萸、五味子。

（2）猪细菌性疾病的中草药防治

① 猪肺疫：猪肺疫是由多杀性巴氏杆菌引起的一种急性传染病，又称猪巴氏杆菌病、猪出血性败血症，世界各地广泛分布，是多种畜禽和野生动物共患的传染病。临床上以体温升高，咽喉肿胀，呼吸困难为特征，一年四季均可发生，中、小猪易感，呈散发性流行。

【病因病机】饲养管理不良及气候骤变受凉感冒或患其他疾病，机体正气受损，卫外能力减弱，病邪经口鼻侵入肺卫，热蒸化毒以致气滞血瘀，继之邪热上冲咽喉则咽喉红肿热痛。痰火郁于肺经，肺失宣降而气逆咳喘、呼吸困难；热入营血，则见皮肤红疹等。

【主证】潜伏期1~5d，根据病程和临床症状可分为最急性型、急性型和慢性型。

最急性型：常看不到前驱症状，少数猪突然发病迅速死亡。病程稍长的猪表现体温升高到41~42℃，衰弱，卧地不起或烦躁不安，食欲废绝，呼吸困难，可视黏膜发绀，皮肤、耳、颈、腹下出现红斑，指压不褪色，咽喉红肿、坚硬，严重的延伸至耳根、胸前。死前呈犬坐姿势，伸颈呼吸，发出痛苦的喘鸣声，口鼻流出泡沫，有时带血，很快死亡。本型死亡率100%，病程1~2d。

急性型：本型最为常见，病猪体温升高到40~41℃，先干咳后湿咳，呼吸困难，口鼻流出黏液性分泌物，有时分泌物带血，胸部触诊有痛感，听诊有啰音和摩擦音。先便秘，后下痢，病情严重时，呼吸极度困难，常呈犬坐姿势，伸颈呼吸，可视黏膜发绀，皮肤出现紫斑（瘀血斑或出血斑点），最后衰弱，多因窒息而死亡。部分猪转为慢性。病程4~6d。

慢性型：多见于流行后期，猪表现食欲不振，持续咳嗽和呼吸困难，鼻流黏液性、脓性分泌物，消瘦，关节肿胀，常腹泻。如不治疗，多数死亡。病程3~6周。

【防治】本病应以预防为主，除加强饲养管理，保持猪舍清洁，定期消毒外，还应做好预防注射，发现病猪应及早隔离治疗。治宜清热解毒、泻肺利咽。争取早诊断、早治疗。

最急性型若发现及时可采取：静脉或肌肉注射青霉素每千克体重1万IU，或0.5%磺胺二甲嘧啶每50千克体重20~40mL，或盐酸环丙沙星每千克体重5mg；注射高免血清，小猪20~30mL，后备猪40~60mL，成猪60~80mL；清营汤加减：犀角（锉细末冲服，可用10倍量水牛角代）3g、生地30g、玄参20g、竹叶20g、金银花30g、连翘30g、黄连15g、麻黄20g、百部15g、桔梗15g、豆根25g。若气分热重，重用金银花、连翘，减少水牛角、生地、玄参用量。为末水调或煎汤灌服，每日1剂分2次用。早期发现的可用银翘散加减治疗。

急性型或慢性型：金银花30g、连翘24g、桔梗30g、丹皮15g、紫草30g、射干12g、山豆根20g、黄芩9g、麦冬15g、大黄20g、元明粉15g，若为慢性型去丹皮、紫草、射干、豆根，加知母、生地，重用黄芩、麦冬，为末水调或煎汤灌服，每天1剂分2次用；加减冰硼散：硼砂1g、冰片0.6g、人中白1g、青黛0.6g，共为末吹入喉内，每天3或4次；盐酸多西环素按3~5mg/kg肌肉注射，每天1次，连用2~3日。也可用卡那霉素等治疗；针肺俞、苏气、尾尖、山根、玉堂、六脉、耳尖、大椎穴。

慢性型：党参、五味子、炙甘草各7g、白术10g、茯苓15g、麦冬10g、生姜3片，大枣4个。煎汤，候温1次灌服。

② 猪丹毒：猪丹毒是由猪丹毒杆菌引起的一种急性、热性人畜共患传染病。病情多为急性败血型或亚急性的疹块型，部分病例由急性型转变为慢性的关节炎型或心内膜炎型。本病主要侵害架子猪。哺乳猪和幼龄猪很少发病。发病季节为夏秋季。

【病因病机】由于饲养管理不良，气候变化异常，猪舍潮湿不洁，猪吃了被病猪污染的饲料饮水等。猪体正气内虚，感受湿热邪毒，邪毒侵袭肺胃，肺胃内热炽盛，外观肺胃热象；邪热深入营血，血热损伤脉络，外溢肌肤，故见皮肤红色斑疹；邪入于肺，可发咳喘，邪陷胃肠则呕吐、便秘或拉稀；病重后期可因肺胃津枯，肝失所养，邪毒损害筋脉而出现瘫痪。

【主证】

急性型（败血型）：为最常见的病型。流行初期常见一头或数头不见明显症状而突然死亡。多数病猪体温升至42℃以上，稽留不退。食欲减少或废绝，有时呕吐。喜卧、步态不稳。结膜潮红，眼睛清亮。粪便干硬，附有黏液，小猪后期可能下痢。病猪可在胸、腹、四肢内侧及耳部皮肤上出现大小不等的红斑，指压时红色暂时消退。病程短促，可以突然死亡。有些病猪经3~4d体温降至正常以下而死。病死率约80%，不死者转为疹块型或慢性型。哺乳仔猪和刚断乳的小猪发生猪丹毒时，一般突然发病，表现神经症状，抽搐，倒地而死，病程多不超过1d。

亚急性型（疹块型）：此型临床症状较轻，以皮肤上出现疹块为特征，俗称"打火印"。病初食欲减少，饮欲增加，便秘，精神不振，体温很少超过42℃。再经2~3d，在背、胸、肩、腹部等处皮肤发生疹块，呈方块形、菱形或圆形，稍突出于皮肤表面。初期疹块充血呈红色，指压褪色，后期转为瘀血，压之不退色。出现疹块后体温始降，病情减轻，数日后可自愈。疹块部皮肤有的发生坏死，变成革样痂皮。部分病例在发病过程中突然恶化，发展为败血症而死。孕母猪可能发生流产。

慢性型：一般由上述两型转变而来。常见的有慢性关节炎、慢性心内膜炎和皮肤坏死等。慢性关节炎型主要表现为四肢的炎性肿胀与变形，跛行或卧地不起。食欲正常，但生长缓慢，消瘦，病程可长达数周或数月。慢性心内膜炎主要表现为心跳加快，听诊有杂音，心律不齐，呼吸急促，消瘦，喜卧，举步缓慢，常由于心脏停搏而猝死。慢性型的猪丹毒有时形成皮肤坏死，常发生于背、肩、耳、蹄和尾等部，干硬似皮革，经数月可自愈。

【防治】种公、母猪每年定期注射猪丹毒菌苗2次。育肥猪在60日龄时注射猪丹毒菌苗1次即可。发病应尽早诊断，早期治疗，以抗生素治疗效果较好。治宜清热解毒或宣毒发表、透疹外出。

大青叶120g、生石膏40g、贝母40g、板蓝根40g，共为末，开水冲调，候温灌服，每天1剂，连服3剂。

金银花各12g、连翘12g、地骨皮12g、黄芩19g、大黄12g、蒲公英15g、地丁15g、木通10g、滑石12g、生石膏30g。水煎，25kg重的猪1次灌服，连服数剂。

加减普济消毒饮：大黄25g、黄芩12g、甘草30g、马勃10g、薄荷25g、酒玄参30g、牛蒡子15g、升麻12g、柴胡30g、桔梗25g、滑石60g、板蓝根30g、青黛30g、陈皮20g、连翘30g、荆芥30g。水煎灌服，每天1剂，连服3或4剂。另用黄檗、苍术、马齿苋、蒲公英各25g，水煎取汁洗刷疹块处。

③ 仔猪副伤寒：仔猪副伤寒又称猪沙门氏菌病，是主要发生在2~4月龄仔猪的一种传染病。其特征：急性型呈败血症变化，慢性型在大肠发生弥漫性纤维素性坏死性肠炎，临床表现为慢性腹泻，有时有卡他性或干酪性肺炎。本病主要通过消化道感染，也可通过交配感染。一年四季均可发病，但以阴雨潮湿季节发病较多。

【病因病机】由于气候多变，饲养管理不当，卫生条件差，长途运输以及寄生虫或病毒感染导致猪体正气虚弱，卫外能力降低，外邪乘虚而入，入里化热故体温升高；热入脾胃为湿所困，出现食欲减退或废绝；热袭大肠故下痢、腹泻、粪便恶臭；热入于肝，肝开窍于目，故见目肿眵多；热入营血则见胸前、耳后及腹下等处皮肤出现紫斑。

【主证】潜伏期几天到数周，在临诊上可分为急性型（败血型）、亚急性型和慢性型（坏死性肠炎型）。

急性型（败血型）：主要见于断乳前后仔猪，常突然死亡，病程稍长的表现体温升高至41～42℃，精神不振，食欲减退或废绝，不愿站立，呼吸困难，腹泻，呕吐，耳根、前胸和腹下皮肤出现紫斑。病程2～4d，病死率极高。

亚急性型和慢性型（坏死性肠炎型）：本型临床上较多见，以下痢为主要特征，长期腹泻，排出灰白色或黄绿色恶臭水样粪便，混有大量坏死组织碎片或纤维素性分泌物。后躯被粪便污染，被毛粗乱，皮肤有痂状湿疹。体温升高，精神、食欲不佳，贫血消瘦，眼结膜发炎或有脓性分泌物。病程持续可达数周，腹泻时停时发，最终死亡，不死亡者成为僵猪。

【防治】由于本病的发生常常有明显的诱因，因此在预防本病时应重视兽医综合卫生措施的贯彻执行。按时接种仔猪副伤寒菌苗，或在猪只多发年龄阶段在饲料中添加敏感药物进行预防。如能中西结合药物治疗，则效果更佳。

以清热解毒，扶正健脾为治则：药用复方银黄苡米汤：金银花、黄芩、山楂各50g、苡米250g、柴胡10g、茯苓、大青叶、生姜各30g、白芍、陈皮、甘草各20g。水煎3次，合并药汁，文火浓缩至1 000mL，备用。每千克体重每次内服2mL，日服3次，连续2～5d即可。

以清热燥湿，解毒止痢，凉血消斑为治则组方：急性或亚急性：香连汤加味：木香15g、黄连15g、白芍20g、槟榔10g、茯苓20g、滑石25g、甘草10g，血斑重者可加水牛角20g、紫草15g以消斑，为末水冲调或水煎分3次灌服，每天2次，连用2或3剂；磺胺嘧啶钠注射液（10%）每千克体重5mL，配25%葡萄糖注射液40～60mL，一次静脉注射；或盐酸多西环素注射液每千克体重3～5mg，每天1次肌肉注射。

慢性型：黄芩6g、陈皮6g、莱菔子9g、神曲9g、柴胡9g、连翘6g、金银花9g、槐花炭6g、苦参9g。以上方药为末，开水冲调或水煎分两次灌服，每天1

剂，连用2或3剂。

④ 仔猪大肠杆菌病：猪大肠杆菌病是由大肠埃希氏菌引起的一类仔猪肠道传染病的总称，包括仔猪黄痢、仔猪白痢和仔猪水肿病。仔猪黄痢，国外称为新生仔猪腹泻，是初生仔猪的一种急性、高度致死性肠道传染病；仔猪白痢是10～30日龄仔猪多发的一种急性肠道传染病；仔猪水肿病是由致病性大肠杆菌毒素引起的断奶前后猪仔多发的肠毒血症。这类疾病在我国广泛存在，能使仔猪发生严重的肠炎和肠毒血症，对仔猪的健康构成严重的威胁，对养猪生产危害极大。

a. 仔猪黄痢。

【病因病机】本病多由于母猪体内藏伏温热疫毒，母病及子或由于天气寒冷，圈舍狭小，阴暗潮湿污秽，导致初生仔猪卫外能力减弱，感受外界湿热毒邪而为病。湿热结于大肠，损伤肠道致其功能失调，清浊不分而出现腹泻下痢。本病感受湿热毒邪故拉便腥臭，黏腻而色黄。热为阳邪易伤阴液，故很快出现口渴、皮干毛躁等阴亏症状，阴亏至极阴阳离决导致昏迷死亡。

【主证】潜伏期最短为8～12h，长的为2～3d，一般在24h左右，窝内第一头仔猪发病后，1～2d内同窝仔猪几乎全部发病。最初为突然拉稀，排出稀薄如水的粪便，黄色至灰黄色，混有小气泡，有腥臭味，随后拉稀愈加严重，数分钟拉1次，肛门松弛，不断流出稀粪，沾污后躯及尾巴。病猪口渴，脱水，精神沉郁，食欲废绝，但无呕吐现象，最后昏迷死亡。

【防治】加强母猪的饲养管理，尤其是怀孕后期，特别要注意饲料的搭配，适当补喂中药苍术粉。产前对产房必须彻底清扫消毒，产后立即将母猪及仔猪放到温暖、干燥、日光充足及清洁卫生的猪舍中。目前用仔猪大肠杆菌四价基因工程苗对怀孕母猪作肌肉注射（使用方法参考产品说明书），具有一定的预防效果。清热解毒、燥湿止痢。

白头翁散60g，加诺氟沙星每千克体重10mg拌入饲料喂母猪，每天2次，连喂3d。对脱水严重的仔猪可行腹腔注射，补给液体，同时可加强心药物。

黄连、黄檗、黄芩、白头翁各30g、诃子肉、乌梅肉、山楂肉、山药各15g。共为末，分9包，每次1包，用温水调匀灌服，每天3次，连服3d。

b. 仔猪白痢。

【病因病机】气候变化无常，猪舍阴冷潮湿或闷热不通风；母猪缺乳使仔猪发育不良或母乳过浓仔猪食后不能正常消化；圈舍卫生差以致粪便污染母猪乳房或饲料饮水；仔猪惊吓转圈等引起应激反应的诸多因素均可损伤仔猪体内正气，降低机体对疫毒的抵抗力，暑湿热毒乘虚而入或外感寒邪入里化热，损伤脾胃致使清浊不分、混杂而下成泄泻，毒滞肠中使肠道气血阻滞化为腐物故排粪腥臭。

【主证】分湿热型和虚寒型两型。

湿热痢：多见于发病初期，体质较好的仔猪，病猪精神沉郁，被毛粗乱，食欲减退，下痢，粪呈乳白色、灰白色或灰黄色稀糊样，腥臭难闻，混有黏液；有时带有血液。

虚寒痢：多见于久病体弱的仔猪。病猪体瘦毛焦，食欲减退，畏寒肢冷，四肢无力，步态不稳或卧地难起；下痢日久不愈，粪呈灰白色恶臭；后期肛门松弛，粪便失禁，阴液耗损，眼窝下陷，极度虚弱而死亡。

【防治】该病应以预防为主，平时加强母猪及仔猪的饲养管理，搞好栏舍清洁卫生，母猪喂食要做到定时定量，少喂勤添，注意饲料的全价搭配，经常饲喂清洁饮水、木炭块末、带草根的清洁土壤和新鲜黄红泥土，尽早给仔猪提前补饲及补铁等。同时采用大肠杆菌基因工程苗对母猪进行免疫2次（产前及产后各1次，免疫方法详见菌苗产品说明书），均可预防本病的发生。

本病的发生与饲养管理的关系很大，无论采取何种疗法，首先必须改善饲养管理和卫生条件，才能收到良好的效果。以下各法可供选用。

一般热痢宜清热解毒，燥湿止痢，可试用下方：白头翁7g、龙胆草4g、黄连1g，共为末，和米汤灌服，每天1次，连服2~3d可愈；乌梅20g、煨诃子肉15g、姜黄15g、黄连15g、柿饼2个，煎汤，分3~5次服完，每天1或2次，候温灌服；杨树花250g拌料饲喂母猪，或杨树花煎液（每毫升含药1g）5~10mL，喂小猪。

寒痢宜温中健脾，涩肠止泻，可选用下方治疗：地榆（醋炒）5份、白胡椒1份、百草霜3份，共为末，每次每头喂服5g；炮姜、炒白术、炒山药各等量，共为末,饲喂母猪,每次40g,如仔猪能吃,也可喂给少许,连喂2~3d;穿心莲或小檗碱注射液1.5~2mL,交巢穴注射1次即可。穿心莲的疗效优于小檗碱。

c. 仔猪水肿病。

【病因病机】气候多变或饲养管理不当致使幼猪卫外能力减弱,毒邪乘虚而入,直中筋脉故出现肌肉震颤,不时抽搐,四肢划动如游泳。湿邪积聚头颈故出现头颈部皮下水肿。

【主证】突然发病,精神沉郁。食欲减退或废绝,体温一般无变化,呼吸心跳加快,肌肉震颤,不时抽搐,四肢划动如游泳状,步态不稳,共济失调,口吐白沫,发出嘶哑的叫声,继而发生后躯麻痹,卧地不起,在昏迷状态中死亡。水肿是本病的特征性症状,表现为眼睑,面部水肿。有时颈部和腹部皮下也出现水肿;少数病猪没有水肿变化。病程最短的只有数小时,长的不超过1周,致死率非常高。

【防治】目前对本病尚无特异的有效疗法。药物治疗的早期效果较好,后期一般无效。仔猪断奶前7~10d用猪水肿病多价浓缩灭活菌苗肌肉注射1~2mL,有一定预防作用。同时也可采用以下药物进行预防:马齿苋50g、松针叶5g、侧柏叶5g、苍术5g、石决明2g。共为细末,混饲料中饲喂,每天早晚各服1次,3d为1疗程,隔10d再服1个疗程,最好连用3个疗程。

治疗可采用中西药物结合和对症疗法。

维生素B每千克体重0.15mg,板蓝根注射液每千克体重0.6mL,链霉素每千克体重30mg,三药混合肌肉注射每天2次,连用3d。配合用中药:芒硝50g、大青叶25g、大黄25g、牵牛子20g、茵陈25g、栀子20g、胆草15g、茯苓15g、郁金15g、陈皮15g、川厚朴15g、车前子15g、芦荟10g、瓜蒂10g。共为细末,开水3 000mL冲调,加红糖250g为引(以上为10头10kg重猪的剂量)。1次灌服或让猪自饮,隔日1次,连用2次。

⑤ 猪痢疾:猪痢疾又称为猪血痢、黑痢、黏液出血性下痢,是由猪痢疾密螺旋体引起的一种肠道传染病。本病特征是黏液性或黏液出血性下痢。本病一年四季均可发生,但以春秋季多见,各种年龄的猪均可发病,但以7~12周龄猪高发。本病的发病率约为75%,病死率5%~25%。

【病因病机】气候突变，长途运输，饲养管理不当，导致猪体外能力下降，湿热毒邪乘虚而入引发本病。湿热内蕴，下注大肠，故见持续腹泻；湿热困脾致脾虚不能统血，故见拉棕色、红色或黑色粪便；湿热毒邪长期留滞猪体，伤津耗液故见阴亏虚脱。

【主证】潜伏期2d至2个月，或更长，一般为10～20d。根据病程可分为以下三型。

最急性型：多见于流行初期，往往突然死亡，不表现临床症状。

急性型：较多见，病猪体温升高到40～40.5℃，精神委顿，食欲不振，持续腹泻。初期粪便为黄色至灰色的软粪，后期粪便呈棕色、红色或黑红色，并混杂黏液、血液、纤维素性物质和坏死组织碎片。病猪弓背，消瘦脱水，最后衰竭而死或转为慢性。病程1～2周。

慢性型：本型病情较缓，病猪精神、食欲不振、消瘦、贫血。腹泻时轻时重，粪便呈黑色（称黑痢）、黑红色或褐色，内含黏液、血液和坏死组织碎片。

【防治】无本病的猪场应坚持自繁自养，严禁从疫区引进种猪。加强饲养管理和防疫消毒工作，一旦发现病猪应及时淘汰或隔离治疗，同群未发病的猪群，可立即用药物预防。

治宜清热解毒，凉血止痢。

白头翁15g、黄檗20g、黄连15g、苦参20g、秦皮20g、诃子20g、乌梅20g、甘草15g。煎汤胃管投服，每天1次，连服5d。

白矾1g、白头翁5g、石榴皮10g。先将白头翁和石榴皮加水煎汁，滤汁再加入白矾使之溶解，分2次拌入饲料中饲喂或灌服，每天1剂（25～35kg重猪用量），连用3～5d。

⑥ 猪接触性传染性胸膜肺炎：猪接触性传染性胸膜肺炎又称猪副溶血嗜血杆菌病，是猪的一种呼吸系统传染病。其特征：急性出血性纤维素性胸膜肺炎和慢性纤维素性坏死性胸膜炎。急性者大多数死亡，慢性者常可以耐过。该病是近年来危害养猪业的重要传染病之一。不同品种、性别、年龄的猪均可感染，以3月龄左右的仔猪最易感。本病主要通过呼吸道传播。

【病因病机】由于猪舍饲养密度大，通风不良或长途运输致使猪体卫外能力下降，温热疫毒乘虚而入引发本病。疫邪郁里化热，导致体温升高至42℃以上；热邪犯肺，灼肺津而成痰，痰热壅盛阻塞气道，使肺失宣降，肺气上逆故呼吸困难，伴有咳痰气喘；热伤肺脉故出现口鼻流出淡红色泡液。

【主证】潜伏期1~7d，或更长。根据病程本病可分为最急性型、急性型、亚急性型和慢性型四种类型。

最急性型：病猪突然发病，体温升高到41.5℃以上，沉郁，食欲废绝，短时的轻度腹泻和呕吐，卧地。开始时无明显的呼吸道症状，但心跳加快，鼻、耳、腿、体侧皮肤发绀。后期呼吸极度困难，犬坐姿势，张口呼吸，临死前口鼻流出血性泡沫样分泌物，病猪一般在24~36h内死亡。个别仔猪突然死亡，不表现任何症状。死亡率达100%。

急性型：病猪体温升高到40.5℃以上，精神沉郁，食欲不振，呼吸困难，咳嗽。病程随饲养管理、气候、治疗情况长短不定，短的24~48h发生死亡，长的经4~5d或更长时间，自行康复或转为亚急性或慢性型。

亚急性或慢性型：病猪体温稍高或正常，食欲不振，有不同程度的呼吸道症状，间歇性咳嗽，生长阻滞。病程一般为5周，有的猪病情进一步恶化死亡，部分猪康复，但康复猪仍带菌。

【防治】一旦发现病猪，应及时隔离治疗。猪舍、场地、工具应彻底消毒，以阻止本病的蔓延。

中兽医方法治疗此病，可根据疾病发展的不同情况，划分为风热犯肺期（初期）、肺热壅盛期（中期）、正气虚弱期（后期）3个时期。

初期治宜辛凉解毒，清肺化痰。方用银翘散（金银花、连翘、淡竹叶各6g、豆豉、荆芥穗、桔梗、牛蒡子各5g、薄荷3g、芦根12g、甘草2g），咳重者加百部、贝母、知母。

中期治宜清热解毒，宣肺化痰。方用清肺散（板蓝根16g、葶苈子6g、浙贝母6g、桔梗6g），或麻杏石甘汤（麻黄6g，杏仁、炙甘草各9g，石膏50g）加味。

后期治宜益气养阴，清热化痰。方用清燥救肺汤（桑叶9g、石膏15g、甘草3g、人参、枇杷叶各6g、麦冬4g、杏仁3g）。或用沙参散（沙参、贝母、知母各6g，麦冬、丹皮各5g，当归、白芍、杏仁、天花粉、生地各4g，半夏、甘草各3g)。

以上中药方剂可根据发病具体情况选用,为末水调灌服,每天2次。连用3d。为提高疗效各期均可配合西药治疗。

⑦猪链球菌病:猪链球菌病是由C、D、E及L群链球菌引起的猪的一种多型性传染病的总称。其特征:急性型常表现为出血性败血症和脑炎;慢性型表现为关节炎、心内膜炎、淋巴结化脓和组织化脓等。各种年龄、品种的猪均易感染,但是新生仔猪和哺乳仔猪发病率和死亡率较高。本病发生无季节性,常呈地方性流行。呼吸道、消化道和伤口为主要感染途径。

【病因病机】因病猪污染饲料,饮水和圈舍,温热疫毒经口鼻或伤口侵入猪体,导致卫分热证,故见高热流涕、流泪和结膜红肿;继而热邪入里,使肺气郁闭肺失宣降,出现呼吸困难,咳嗽;瘀结肠道出现便秘,腹泻;热邪损伤脉络则出现便血、皮肤出血斑点及结膜出血等血分证;热毒壅聚局部肌肉,气血凝滞,阻塞经络乃成肿块,进而肉腐化脓形成疮疡;热毒壅聚关节,阻滞气血致关节肿胀,出现跛行或卧地难起。热闭心包出现抽搐、昏迷、口吐白沫等危症。

【主证】潜伏期1~3d,最短为4h,长的可达6d以上。根据临诊症状可分为最急性型、急性型和慢性型。

最急性型:见不到任何症状而突然死亡。

急性型:又分为败血型、脑膜炎型、胸型。

败血型:突然不食,体温升高41~42℃,呈稽留热。病猪嗜卧,步态跟跄,精神沉郁,呼吸困难,流浆液性鼻汁,腹下、四肢及耳端呈紫红色,并有出血斑点。结膜潮红、充血、出血,流泪。便秘或腹泻,粪便带血,尿色黄或发生血尿。常在1~2d内死亡。

脑膜炎型:病猪尖叫或抽搐,共济失调,做圆圈运动或盲目行走,或突然倒地,口吐白沫,四肢呈游泳状,最后衰竭或麻痹死亡。

胸型:部分病猪表现肺炎或胸膜炎症状,病猪呼吸急促,咳嗽,呈犬坐姿势,最后窒息死亡。

慢性型:多为急性型转化而来,也有直接发生的慢性型。

关节炎型：病猪食欲降低，常表现四肢关节炎症状，出现一肢或多肢的关节肿胀疼痛，跛行或卧地不起。

化脓性淋巴结炎型：多见于颌下、咽部、耳下及颈部淋巴结发炎、肿胀，可为单侧或双侧，发炎淋巴结可成熟化脓，破溃流出脓汁，以后全身症状好转，形成疤痕愈合。

局部脓肿型：在肘或跗关节以下以及咽部浅层组织形成脓肿，破溃后流出脓汁。深部的脓肿触诊有波动，穿刺可见脓汁，常出现跛行。

【防治】每年定期进行链球菌苗预防注射。对发病的猪群应及早诊断，进行隔离治疗，猪舍、场地、用具可用10%石灰乳或2%烧碱消毒。

中兽医分型治疗，以清热解毒、凉血救阴、清心开窍、宣肺平喘为原则组方，配合西药抗菌消炎。

热入营血（败血型）：青霉素每千克体重4万IU，配地塞米松4mg，一次肌肉注射，每天2次，连用3d以上；清瘟败毒散1次80g水调灌服，每天2次，连用3d。

热闭心包（脑膜炎型）：磺胺嘧啶钠注射液20~40mL，一次肌肉注射，每天2次，连用3d；人工牛黄1.5g、冰片0.5g、黄连3g、蒲公英20g、紫花地丁20g，为末水冲调灌服。

热邪闭肺（胸型）：大青叶6g、板蓝根6g、拳参6g、连翘6g、金银花6g、桔梗9g、麻黄12g、百部9g、石膏30g，为末水调灌服，每天2次，连用3d；乳酸环丙沙星每千克体重2.5mg或其他敏感抗生素适量，每天2次，连用3d。

慢性型（淋巴结脓肿或局部组织脓肿型）：青霉素按每千克体重4万IU一次肌肉注射，每天2次；局部脓肿切开后，以0.2%高锰酸钾冲洗干净，并涂以5%碘酊，必要时加引流条。

猪传染性萎缩性鼻炎：猪传染性萎缩性鼻炎是由支气管败血波氏杆菌引起的猪的一种慢性呼吸道疾病，其特征：喷嚏、鼻塞等鼻炎症状和颜面部变形。病猪生长发育受阻，可造成严重经济损失。本病一年四季均可发生，各种品种、年龄的猪都可感染，但以6~8周龄以内的幼猪感染后症状比较明显。

【病因病机】由于饲养管理不良，如猪舍潮湿、拥挤或饲料中缺乏蛋白质、矿物质、维生素等造成猪体卫外能力减弱，一旦直接或间接接触鼻炎疫毒，疫毒经鼻而入可成其患。鼻为肺之窍，热邪入肺卫首中鼻窍，故见鼻流清涕、脓涕或带血鼻液，打喷嚏，流眼泪，鼻道不通则见呼吸困难或张口呼吸；剧烈喷嚏损伤鼻道脉络，可见鼻孔出血；病程拖延，毒邪损伤鼻骨故见向一侧倾斜或变短、上翘等。

【主证】猪传染性萎缩性鼻炎多见于6~8周龄仔猪，病仔猪表现打喷嚏和呼吸困难，喷嚏呈连续性或断续性，饲喂或运动时加剧，并流浆液性、黏液性、脓性或带血的鼻液。呼吸困难，吸气时鼻孔张开，并发鼾声，严重时张口呼吸。病猪不安，摇头，鼻端拱地或在墙上摩擦鼻部。由于强烈喷嚏损伤鼻黏膜，发生不同程度的鼻出血，有时可见血污染食槽、墙壁。鼻炎使鼻泪管阻塞，引起结膜炎，使泪液增多，猪常在眼眶下部的皮肤上形成弯月形的湿润区，被尘土玷污后黏结成灰色或黑色的痕迹称为泪斑。鼻甲骨在发病后3~4周开始萎缩，鼻腔阻塞，呼吸困难，面部变形也开始出现，若单侧鼻甲骨萎缩，可引起鼻向一侧歪斜，若双侧鼻甲骨萎缩，则出现上颌骨变短，使脸部变短或上翘。上、下门齿错开，不能正常咬合。生长迟缓，饲料报酬低。30~40kg以上的猪感染本病一般仅见到鼻炎、鼻出血症状，很难见到鼻骨变形。有的病猪可同时出现肺炎症状，表现咳嗽和呼吸困难。

【防治】从无本病的种猪场引进种猪，对引进的种猪隔离观察1个月以上。做好经常性的防疫工作。治疗以疏风、清热、通窍为原则。

苍耳子散加减：苍耳子、辛夷、白芷各9g，薄荷8g，金银花、黄芩各12g。为末水调灌服，每天2次，连用3d。

0.1%高锰酸钾溶液冲洗鼻腔，后用卡那霉素、链霉素或金霉素粉吹入鼻道。

（3）猪寄生虫疾病的中草药防治

① 蛔虫病：猪蛔虫病是由猪蛔虫寄生于猪小肠内引起的一种常见寄生虫病。本病对6月龄内的猪危害最大，导致猪生长缓慢或停滞，严重者可引起病猪死亡。

【病原】猪蛔虫是大型线虫，虫体长圆似蚯蚓，粉红而稍带黄白色，两端较细。

【主证】病猪食欲不振，被毛焦枯，结膜苍白，消瘦，生长缓慢。幼虫移行至肺时，可引起咳嗽气喘；虫体过多聚结成团，可阻塞肠管甚至导致肠破裂，病猪表现腹痛甚至死亡；幼虫损伤肠壁时，可引起呕吐和下痢；有时蛔虫可进入胆道，病猪出现黄疸等症状。有的病猪可随粪便排出成虫。

【防治】保持栏舍卫生，猪粪集中堆积处理；仔猪断奶后驱虫1次，每年春、秋两季各对猪群作预防性驱虫1次。病猪可选用下列方药进行驱虫治疗：

盐酸左旋咪唑注射液按每千克体重5～10mg剂量，肌肉或皮下注射，也可用该药片剂拌料内服（空腹服效果更好）。

阿苯达唑，每千克体重5～20mg，拌料内服，不仅可驱蛔虫，对鞭虫、结节虫等也有效。

苦楝根皮10g、百部10g（50kg左右重的猪用）。煎汤，候温灌服。

槟榔、苦楝根皮、大黄、芒硝各10g。煎汤，候温灌服（供50kg重猪用）。

石榴皮、使君子各15g、乌梅3个，槟榔13g（25kg体重的用量）。煎汤，1次空腹灌服。

② 姜片吸虫病：姜片吸虫病是一种人畜共患的寄生虫病，主要寄生于人和猪的小肠内，导致人或猪消瘦、贫血、腹泻和生长发育不良，严重者可导致死亡。

【病原】猪姜片吸虫病的病原为布氏姜片吸虫。成虫虫体为肉红色，扁平，头狭尾宽而圆，形似姜片。猪多因生食水生植物而感染发病。

【主证】病猪精神委顿，食欲减少，异嗜；消瘦，水肿，腹泻，粪便中带有黏液或血液。幼猪生长缓慢。

【防治】在本病流行地区，水生植物饲料改生喂为熟喂，猪粪进行堆积发酵以消灭虫卵，每年5～6月对低洼地区和水塘用0.1%的生石灰水或硫酸铵，或二十万分之一的硫酸铜消毒，以消灭中间宿主扁卷螺；每年定期对猪群驱虫2次，驱虫后的粪便应集中堆积处理。平时加强检查，发现病猪及时隔离驱虫治疗。治疗可选用下列方法之一。

吡喹酮，每千克体重30～50mg，拌料一次喂服。

将槟榔研成粉末，每猪每次5～25g，早晨空腹时拌少量料喂服，连用3次。

50kg体重猪用新鲜松针500g,将松针洗净后放锅内文火煎煮,至松针变黄、煎汁呈青绿色时停火,待凉至35℃左右将松针捞出,取汁拌精料喂药,可达到驱虫目的。

③ 球虫病:猪球虫病是仔猪的一种肠道寄生原虫病,主要危害7~21日龄的仔猪,其特征是仔猪腹泻,呈现急性或慢性肠炎症状。本病在高度集中饲养条件下最易发生,其病死率较低,但康复猪多生长不良而成为僵猪。成年猪一般不呈现仔猪的临床症状而成为带虫者。

【病原】本病是由寄生在猪肠上皮细胞的艾美耳属球虫和等孢属球虫引起,一般为数种球虫混合感染而发病,其中以狄氏艾美耳球虫对猪的致病力最强。本病一年四季均可发生,以8~10月多发,卫生条件差、拥挤、突然改变饲料等因素易诱发本病的流行。

【主证】本病的潜伏期为4~5d。病仔猪表现精神沉郁、食欲不振、消瘦、贫血,排土灰色、黄色胶冻状或水样稀便,并混有大量黏液和未消化的饲料,有时下痢与便秘交替发生。一般病程为4~6d,重症可因严重脱水而死亡,耐过猪往往体况差、被毛粗乱、生长发育受阻而成僵猪。

【防治】加强环境卫生管理,保持猪舍清洁干燥,粪便及时清扫并堆积发酵处理。

发现病猪应及时进行治疗。可选用下列方药之一:

氨丙啉,按每千克体重25~65mg剂量,拌料或混入饮水中喂服,连用3~5d。

旱莲草、地锦草、鸭跖草、败酱草、翻白草各等份,每头猪用50~100g,水煎灌服,每天1剂,连用3~5d。

④ 弓形体病:弓形体病又称弓状体病、弓浆虫病和毒浆原虫病,是由龚地弓形虫引起的一种人畜共患寄生虫病。猪弓形体病的主要特征是以3月龄左右的猪多见,突然暴发、高热稽留、呼吸困难、皮肤出现紫红色瘀斑,剖检见肺、肝、淋巴结等脏器肿胀、有出血点和坏死灶。弓形体对中间宿主的选择不严,46种哺乳动物(包括人类)、70多种鸟类以及5种爬行动物均能自然感染本病,猪的病死率可达60%以上。本病呈世界性分布,我国很多地区均有流行。

【病原】本病的病原是龚地弓形虫,属细胞内寄生原虫。

【主证】本病的潜伏期为3~7d,临床症状酷似猪瘟。病猪体温升高至40.5~42℃,稽留7~10d不退,精神沉郁,食欲减少或废绝;便秘,粪干呈板栗状,表面附有黏液或血丝,小猪多呈水样拉稀,有的便秘、拉稀交替发生;病情严重时,咳嗽、呼吸加快,呈腹式呼吸;后肢无力,行走摇摆,喜卧,昏睡。耳、腹下及四肢内侧可见片状紫红色斑块。病程一般10d左右,15d后不死的可逐渐康复。怀孕母猪可发生流产,下死胎和木乃伊胎。

【防治】猪场严禁养猫,加强饲料和饮水管理,防止被猫粪污染;严禁用未经煮熟的屠宰废弃物喂猪,消灭老鼠等啮齿动物。在疫区应对猪群加强检验,发现病猪应及早进行隔离治疗。磺胺类药物对本病有较好的疗效,抗生素药物则无效。临床确诊后,可选用下列方法之一进行治疗:

增效磺胺-5-甲氧嘧啶注射液,按每千克体重1.2mL(首次量加倍)剂量肌肉注射,每天2次,连用3~5d。

复方磺胺嘧啶钠注射液,按每千克体重70mL(首次量加倍)剂量肌肉注射,每天2次,连用3~5d。

蟾蜍2或3只(大者2只,小者3只,鲜品、干品均可),苦参、大青叶、连翘各20g、蒲公英、金银花各40g、甘草15g。水煎温服(体重50kg猪的剂量,小猪用量酌减)。

黄常山20g、槟榔12g,柴胡、桔梗、麻黄、甘草各8g(35~45kg猪用量)。先用文火煎煮黄常山、槟榔20min,然后将柴胡、桔梗、甘草加入同煎15min,最后加入麻黄煎5min,过滤去渣,灌服。每天2剂,连用3d。

黄花蒿60~120g,柴胡15~25g。水煎1次灌服,每天1剂,5d为一疗程。

在猪耳背侧中上部,用三棱针或小宽针刺破皮肤并扩成囊状创口,取麦粒大小的蟾酥锭片卡入创口中,50kg重猪卡入2粒。

⑤ 疥癣:猪疥癣病俗称猪癞,是由疥螨寄生在猪皮肤内引起的以瘙痒、脱毛、皮肤粗糙增厚为主要症状的一种慢性皮肤病。

【病原】猪疥癣的病原为穿孔疥螨,成虫呈淡黄色、近似圆形,有4对短粗的圆锥形节足和一钝圆形口器。

【主证】疥螨多寄生在猪的耳、眼睑、背及体侧的皮肤内，摄取上皮细胞和淋巴液为营养，破坏上皮组织，并排出排泄物。机械刺激和排泄物刺激可引发剧烈痒感，故见病猪到处揩擦、局部脱毛、皮肤增厚，有的引起皮肤发炎并伴有淋巴液渗出，使皮肤粗糙皲裂或形成痂屑。严重者病猪食欲减退、精神委顿，拱腰吊肷、形体消瘦，生长停滞。幼猪因皮肤较嫩，适合疥螨寄生，发病多而重，有的变成僵猪。

【防治】搞好栏舍卫生，保持舍内清洁、干爽、通风，定期用药灭虫消毒；用新鲜辣蓼草或新鲜樟树叶垫栏，可预防或减少本病的发生。引进猪只应隔离观察，防止引进带螨病猪。

发现病猪应及时隔离治疗，并用杀螨药消毒猪舍和用具。用药局部涂抹或喷洒治疗时，为使药物充分接触虫体，宜先用肥皂水或清洁水洗刷患部、清除痂壳和污物。然后选用下列药剂之一：

阿维菌素或伊维菌素每千克体重0.3mg，颈部皮下注射。

硫黄、石灰和水按1:2:25的比例配合，置锅中煮沸至黄色，去渣取液冷却后用喷雾器喷洒患部，间隔3d再用1次。

植物油100mL放锅中烧开，沫消后加入硫黄15g，花椒面5g，用木棒搅拌成粥状。冷却后，用毛刷将药刷在患部。

硫黄100g、明矾50g。混合研末过筛，加棉籽油（无棉籽油可用其他植物油代替）500mL，搅匀涂擦患部。

花椒、荆芥、防风、苍术各等份，研细末，用凡士林调成膏，均匀涂于患部，轻者1次可愈，重者2次或3次痊愈。

(4) 猪普通病征的中草药防治

① 泄泻：泄泻是指大便稀薄、排便次数增加的一种病征，又称腹泻，俗称拉稀。

【病因病机】天气突变，突然改变饲料、饲喂霉败变质饲料，饮水不洁，某些传染病和寄生虫病等均可引起泄泻。

【主证】大便稀薄、排便次数增加，在尾和肛门附近粘有稀粪为本病主证。泻粪酸臭，食少腹满，舌苔厚浊者为伤食泻；泻粪如浆、赤浊腥臭，舌红苔黄，鼻镜干燥者为湿热泻；粪稀不成形，或完谷不化，体瘦毛焦，四肢无力，口色淡白者为脾虚泻；久泻不止、遇寒则甚，或黎明腹泻，肛门不收，形寒肢冷，腰胯痿软、四肢无力者为肾虚泻；泻粪如水，肠鸣腹痛，饮多食少，口色青黄者为寒湿泻。

【防治】平时加强饲养管理，冬季防寒保温；保持栏舍清洁干爽，做好驱虫和防疫工作；改变饲料宜逐渐进行，不喂霉败变质饲料，定时定量饲喂。治疗应先查明病因。因中毒、寄生虫和传染病引起的泄泻，参考有关病征对因、对症治疗；伤食泻、湿热泻不重者，也可参考消化不良、湿热证方法治疗。

湿热泻（选1方）：

苦参、地榆、神曲各10g、大黄、知母、柴胡、石膏、山楂、陈皮、木通、罂粟壳、甘草各5g（10~30kg重猪用量，大猪酌加用量）。文火煎煮3次，合并煎液约500mL，分早晚2次灌服，每天1剂，连用2剂或3剂。

乌梅、诃子、黄连、姜黄各30g、黄芩35g。煎汤，候温灌服，每天1剂，连用2剂或3剂。

脾虚泻：苍术、山药各10g、白芍、泽泻各20g。共为细末，混于饲料内服，每天1剂，连用2剂或3剂。

脾肾虚寒泻：诃子（煨）、肉桂、炙甘草各40g、罂粟壳（蜜炙）160g、肉豆蔻（煨）25g、木香50g、当归、炒白术、党参各30g、白芍60g、干姜、附子各20g。泄泻无度、脱肛者加柴胡40g，升麻、黄芪各50g，共研粗末，每次用150g，水煎，食前温服，每天1次，连用3或4次。

寒湿泻（选1方）：

党参50g，白术、干姜各30g，附子20g、炙甘草15g。煎汤，候温灌服，每天1剂，连用2剂或3剂。

丁香、木通、茯苓各20g、藿香30g、木香、青皮各10g，陈皮、官桂、车前子各15g，生姜、红茶叶各25g。腹痛者加香附20g，呕吐者加姜半夏15g，久泻者加石榴皮15g，食欲不振者加神曲、山楂各25g（均为50kg重猪1次用量），水煎服，每天1剂，连用3剂或4剂。

仔猪腹泻：生姜60g、乌梅、茯苓、法半夏各30g，新鲜杉木炭粉80g，黄连、甘草各20g。混合研细末，每千克体重0.5~1g拌料服，每天2次，连用2或3日。

② 便秘：便秘是大便干燥、排出困难的一种常见病。各种年龄的猪都有发生，但以小猪多发，便秘部位多见于结肠。

【病因病机】本病多因长期饲喂粗硬坚韧不易消化的饲料，如红薯藤、花生藤、豆秸等劣质饲料；或因饲喂精料过多、突然变换饲料、饮水不足和缺乏适当运动；也见于妊娠后期或分娩不久伴有肠道蠕动迟缓的母猪；某些热性病，慢性胃肠病以及肠道传染病或寄生虫病也常继发本病。

【主证】病初精神不振，少食喜饮，频频努责，排少量于小粪球，继则食欲停止，腹部膨胀，有的腹痛呻吟，起卧不安，尿黄而短，不排粪，触摸腹部可摸到肠中的干硬粪块。腹部听诊，肠蠕动音减弱或无。若无并发症体温一般正常。继发于热性病的常伴有原发病的症状。

【防治】合理搭配饲料，保证饮水和运动，给予适量食盐，多给青绿多汁饲料。

病猪停喂干粗饲料而仅给青绿多汁饲料，多给饮水。治疗以通肠导滞为法则，采用中药、西药或中西药结合治疗均有良好效果。

热性便秘：中药用石膏30g、芒硝24g、当归、大黄各12g、黄芩、金银花、枳壳、连翘各9g、炒麻仁18g、木通6g。加适量水煎煮2次，滤液合并浓缩至200~300mL，候温灌服（以上为中猪用药量，大猪、小猪据体重酌情增减用药量）。西药：体温高者肌肉注射青霉素160万~320万IU、链霉素40万~100万IU，每天2次；病情严重、食欲废绝者，静脉注射5%葡萄糖盐水500~1000mL、10%磺胺嘧啶钠液30~50mL。10%安钠咖5~10mL。

妊娠母猪便秘：10%氯化钠8~10mL、10%氯化钾8~10mL、注射用水50~60mL，混合后一次交巢穴注射，每日1次，连用2~3d。

顽固性便秘：大黄、生地、玄参各30g、枳实、厚朴、麦冬各20g。高热者加金银花、山楂各30g；柴胡、桔梗、青皮各20g；阴津亏虚者，加白芍、当归各30g、肉苁蓉20g、蜂蜜100g，上药加动物或植物油100g，煎水灌服，并用部分药液灌肠，每天1剂，连用1～2剂。

实热便秘：大黄25g，芒硝50g，黄连、黄芩、黄檗、栀子、枳实、厚朴、玄参、麦冬、生地各15g，甘草10g。水煎喂服，每天1剂，连用1或2剂。

阴血亏虚便秘：麦冬、生地、厚朴各12g，大黄、神曲各18g，石斛、白芍、甘遂、甘草各9g，枳实、槟榔各15g。共为细末，混食喂服，每日1剂，连用3剂。

老弱虚寒便秘：艾叶50～100g用温水浸泡或煎煮20min，取小块肥皂削成锥状后浸入艾叶温水中10～20min，取出插入病猪肛门内，适当进退、转动肥皂，停留片刻取出肥皂再浸入艾叶水中，再插入猪肛门内，如此多次反复，连用2～3d。

母猪产后便秘：桃仁20～30个，捣烂加适量蜂蜜，水煎取汁候温灌服，每天2次，连用2～3d。

按中兽医通肠导滞为原则治疗：大承气汤；芒硝100g、滑石50g、大黄25g、液状石蜡200mL，混合灌服，结合肥皂水灌肠；棉油250mL，石膏30g、莱菔子60g，温水灌服，针治：10%氯化钾溶液10mL后海穴注射。

③ 感冒：感冒是猪感受风寒、风热之邪引起，以发热恶寒、流涕咳嗽、体表温度不均为主要临床特征的病征。本病一年四季均有发生，多发于气候多变的早春和晚秋，仔猪更易发生。

【病因病机】感冒的发生，主要因饲养管理不善，畜体虚衰，卫阳不固，加之天气骤变，忽冷忽热，风寒或风热之邪乘虚侵犯机体，邪束肌表，腠理不通，内热不得外泄而发生此病。

【主证】风寒感冒，耳尖、鼻端发凉，皮温不均。恶寒重，发热轻，喜阳光或钻草堆，常卧于炉旁、灶膛及背风向阳的地方。鼻流清涕，咳嗽，舌苔薄白，食欲减退。

风热感冒，精神沉郁，少食或不食，发热，恶寒轻或不恶寒，喜阴凉，口干色稍红，咳嗽流涕，呼吸音增强，呼吸加快，大便干燥。舌苔薄黄，脉搏增数。舌边（尖）红赤，苔黄白相间，咳嗽或鼻塞喘息。

【防治】加强饲养管理，做好防寒保温工作。根据病情，选用下列方药进行治疗。

风寒感冒（选用1方）：

黄豆250g、葛根25g、葱10根、鲜萝卜1000g、生姜15g。切碎煎水喂服，每天1剂，连用2或3剂。

荆芥、防风、柴胡、羌活、独活、川芎、前胡、桔梗、生姜、枳壳各30g，茯苓20g，薄荷、甘草各10g。四肢不重而冷者去独活加桂枝30g、苔白兼黄、舌尖边微红者去川芎加黄芩20g、食欲不振者加焦山楂、炒谷芽、炒麦芽各30g、粪便干燥者加大黄（后下）30g（以上为50~100kg重猪1次用量），水煎投服，每天1剂，连用2或3剂。

麻黄汤煎汤，候温灌服。

风热感冒：

金银花、连翘、芦根各40g，淡豆豉、桔梗、荆芥穗、牛蒡子各25g，竹叶30g、薄荷15g，甘草10g（15~100千克重猪1次用量）。水煎服，或为末开水冲服，每天1剂，连用2或3剂。

芦根35g、草决明100g、防风35g、瞿麦30g、绿豆150g、蒲公英30g、萹蓄30g、藿香30g、黄芩10g。煎汤，候温灌服。

母猪产后风寒感冒（选1方）：

麻黄、杏仁、玉竹、前胡、紫苏、陈皮、川芎、桃仁、生姜、大枣各20g，当归15g，甘草10g。水煎服，或研末混料服，每天1剂，连用1~2日。

当归、川芎、葛根、升麻、白芍、香附、紫苏、陈皮各35g，麻黄30g，白芷20g，益母草50g，炙甘草15g，生姜5片，葱白3根。体温升高者去白芷加黄芩30g，便结难下者重用当归并加白术45g，麻仁30g，食欲废绝者重用香附并加山楂35g，无瘀血者用川芎、益母草，每天1剂，煎3次分3次服，连用1或2剂（以上为100kg重猪用量）。

【护理与预防】防止猪只突然受寒，风吹雨淋，特别是大出汗之后；天气变化气温下降时，要注意猪舍的保暖，及时采取防寒措施；天气转热时，应使猪舍通风凉爽；在病期要多给清洁饮水。

④ 风湿证：风、寒、湿邪侵犯机体，引起肌肉、关节疼痛的一种病征，称

为风湿证，又称风瘫。

【病因病机】猪栏潮湿，天气寒冷或突然变化，贼风吹袭，风寒湿邪相结，侵入经络，气血凝滞而致病。

【主证】往往突然发生，多先发于后肢，出现跛行，继而扩展到前肢。有的关节肿大而发热，患肢肌肉僵硬疼痛，步态不稳。患部常可转移，患肢持续运动后跛行，疼痛减轻。严重时不能起立，发生瘫痪。能吃食，但食欲降低，体温一般正常。

【防治】保持猪栏干燥，冷天注意防寒保暖，让猪适当运动和晒太阳。治疗可选用祛风湿的中、西药物，并配合针灸疗法。

中药以活血散瘀、祛风止痛为治则，方用独活、桑寄生、羌活、酒当归、川芎、桂枝、牛膝、防风、荆芥、秦艽、威灵仙各10g，甘草3g。混合煎汤，过滤去渣取汁，每头每次胃管投服250毫升，每天2次，每剂药分6次灌服。另用火针治疗，主穴百会，配穴抢风、大胯、小胯、六脉，3d针刺1次。中药配合火针治疗，一般轻症2次或3次，重症3~5次即可。

针灸治疗：前肢风湿取抢风、七星等穴，后肢风湿取大胯、小胯等穴，腰背风湿取百会、开风、尾根等穴；白针、水针、电针或灸熨。水针可选用阿尼利定注射液等，每穴1次3~5毫升。

姜蒜酊：生姜、大蒜、白酒，按1∶2∶7比例，先将生姜，大蒜捣碎，然后用白酒浸泡3~7d后备用。将患猪患部用温水洗干净，然后用姜蒜酊涂擦，每天2次，连用1周左右。

⑤脱肛：直肠部分脱出于肛门外，称为脱肛，又叫直肠脱出。多发生于小猪和瘦弱的大猪，也继发于便秘和顽固性的下痢。

【病因病机】饲养管理不善，伤及脾胃，致使气血亏损，中气不足，元阳衰弱。初期，大便时肠头脱出，便后收回，进而气虚下陷，提举无力，肛门括约肌松弛，直肠脱出肛门外而不能收回。此外，便秘过度努责或长期下泻，损伤脾胃，导致中气下陷而脱肛。

【主证】初期直肠脱出于肛门外，多呈红色，久之，发生水肿，变成暗红色或紫黑色。脱出部分常黏附泥土，甚至坏死、龟裂。病猪精神衰弱，消瘦，少食，排粪困难，常努责，严重者可因肠管破裂而死亡。

【治疗】手术整复，并投补中益气之剂。

手术整复用3%的明矾水，或艾叶、花椒煎汤去渣的药液，或食盐水清洗脱出部分及肛门周围，洗净后，用手捏破水肿的黏膜和剥去坏死的组织，涂上枯矾与食油，将脱出部分送入肛门。整复后仍再脱出者，可沿肛门周围缝合固定。

方药可选用：党参、黄芪各30g，当归、白术各25g，升麻、柴胡各15g，陈皮20g，炙甘草10g。煎汤，候温灌服，小猪用量酌减；当归、白芍、羌活、独活、炙黄芪、党参、柴胡各10g，炒白术8g，升麻4g、甘草4g。煎汤，候温分两次灌服，小猪酌减；蝉蜕10g，为末，用香油适量，调搽患部。

【护理与预防】加强饲养管理，饲喂易消化的饲料，防止便秘和腹泻的发生。

（二）工具与材料

（1）患有猪传染性胃肠炎的病猪。

（2）中药大黄、白芍、白头翁、地榆炭、乌梅、诃子、黄连、甘草、车前子。

训练任务

（一）任务安排

分组：以学习小组的形式熬煎中药，并饲喂病猪。

（二）任务要求

给病猪饲喂中药后，注意观察病猪病情好转情况。

思考与练习

饲喂中药和西药后，病猪反应的区别有哪些？

考核评价

中兽医防治技术学习和实操任务考核评价内容和评分标准见表6-2（以小组为单位考核）。

表6-2　中兽医防治技术学习和实操任务考核评价表

考核项目	内容	分值	得分
技能操作（50）	具备熬煎中药并饲喂病猪的能力	10	
	了解中兽医与西兽医在治疗上的区别	40	
学习成效（25）	拓展作业	5	
	实习小结	5	
	记录表	5	
	实习总结	5	
	小组总结	5	
思想素质（25）	安全规范生产	5	
	纪律出勤	5	
	情感态度	5	
	团结协作	5	
	创新思维（主动发现问题、解决问题）	5	
合计		100	
评价人员签字	1. 任课教师：　　　　　2. 实习指导教师： 3. 专业带头人：　　　　4. 园区（企业或行业）技术员：		

备注：在熬煎中药和饲喂中药的过程中，应当展现热爱生命的态度，若违反视情节和态度扣除个人成绩10~20分，小组成员同时扣除安全规范生产及团结协作成绩。

小　结

一、知识框架

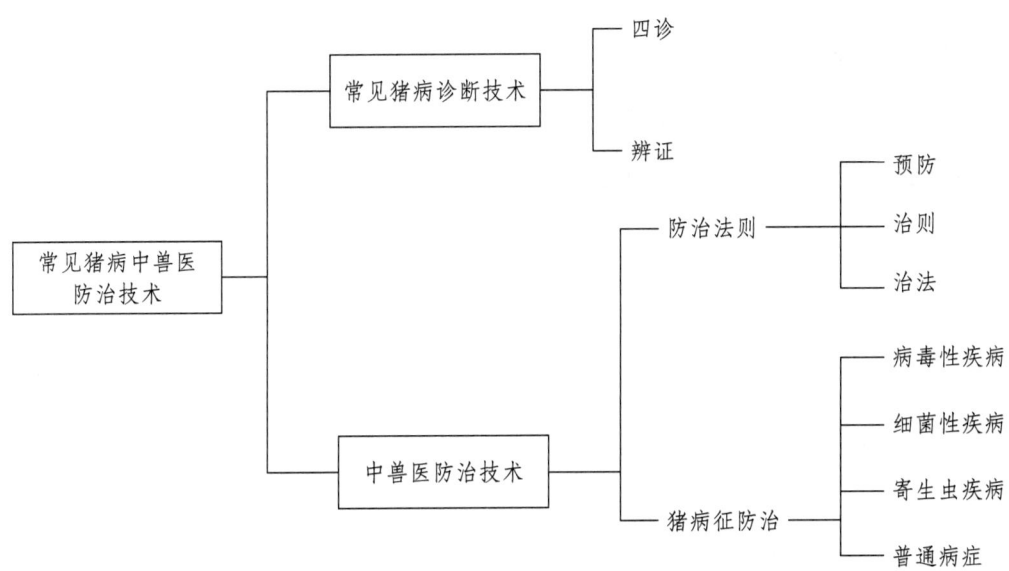

二、综合测试

（一）名词解释

望诊、闻诊、问诊、切诊、治则、正治、反治、异病同治。

（二）填空题

1. 问诊的内容主要有四项，分别是_____、_____、_____、_____。
2. 切脉时常用三种指力，即_____、_____、_____。
3. 治未病包括_____和_____。
4. 治则，即治疗动物疾病的法则，包括_____、_____、_____、

_____和_____等方面的内容。

5. 反治法有四种，分别是_____、_____、_____、_____。

(三) 简述题

1. 简述四诊法的基本概念。
2. 简述辨证的基本概念。
3. 简述防治法则的三大法则的主要内容。
4. 简述扶正与祛邪的运用原则。

模块七　生态安全猪肉的生产

模块目标

1. 掌握生态安全猪肉的概念。
2. 了解生态猪肉相关指标的测定。
3. 了解生态猪肉屠宰后的变化及保鲜方法。
4. 了解生态安全猪肉的销售渠道。
5. 培养热爱农牧行业，具备追求卓越、精益求精的精神；具备不断学习的能力和习惯，了解本领域的最新动态、新技术、新方法，并能将其应用于实践；培养热爱家乡的情怀，树立振兴当地养殖产业的志向；培养热爱"三农"的情怀，树立服务"三农"的责任感。

　　生态猪肉一般是指绿色的、无污染的、不吃任何饲料的猪肉，具有生态性、绿色性和安全性等特点。而生态安全猪肉的生产来源于生态猪的养殖，生态养猪又称发酵床养猪，是一种新型的无污染、零排放的有机农业技术。它利用微生物发酵技术将猪的排泄物降解成无害的物质，以达到对环境的保护。生态猪在饲养过程中猪体表以及环境中菌落总数、大肠菌群、金黄色葡萄球菌菌数与普通集约化养猪有很大的差异，且生态安全猪肉的蛋白质、总脂肪、糖原变化、灰分、铁、锌、肉色、水分含量、滴水损失率、蒸煮损失率、质构特性、pH、精细结构都与普通集约化猪肉有较大的差异。本模块详细介绍了生态安全猪肉的肉质检测方法、屠宰后变化、猪肉保鲜方法以及发展生态安全猪肉的措施。

任务一　猪肉的品质测定

任务目标

知识目标
（1）了解猪肉品质测定的基本内容。
（2）了解猪肉品质测定的原理及方法。

能力目标
（1）熟悉猪肉品质测定指标及测定方法。
（2）熟悉猪肉品质测定指标的计算方法和意义。

任务准备

（一）知识要点

猪肉的品质测定是评价猪肉质量的有效途径。测定指标有很多，包括肉色、大理石纹、系水力、滴水损失、pH、肌肉嫩度、水分、粗脂肪、粗蛋白、氨基酸、脂肪酸等。本任务主要介绍肉色、pH、系水力、肌内脂肪以及肌肉嫩度。

猪肉的品质测定一般是在猪停止呼吸40min以内。取样部位为左半胴体背最长肌，由倒数第三胸椎前端向后延伸至腰椎，取样的质量应大于1.0kg。具体操作步骤如下：

剥离左半胴体取样部位的皮脂层，露出背最长肌，清理背最长肌筋膜外的脂肪。

横断取样部位的背最长肌，顺棘突，沿胸椎向腰椎剥离出完整的背最长肌。

称量所取背最长肌的质量，记为取样量（如胴体剥离，则应记入胴体剥离原始记录表中）。

将样品的相关信息如停止呼吸时间、取样时间、样品编号、取样量、取样人等填入标签内，并明确标出所取肉样的前后端，置于洁净的容器内，送入实验室。

按照图7-1的规定，在指定部位切取相应大小的肉块，开展各项肉质性状的测定工作。

切取顺序：系水力→滴水损失→pH→肉色与大理石纹→肌肉嫩度→水分、灰分、脂肪、蛋白质、氨基酸、脂肪酸。

切取长度如下：

系水力：从前端（图7-1）开始，连续切取2片，每片厚约10mm；

滴水损失：继系水力取样之后切取，厚约80mm；

pH：继滴水损失取样之后切取，厚约50mm；

肉色与大理石纹：继pH取样之后切取，厚约20mm；

肌肉嫩度：继肉色、大理石纹取样之后切取，厚约100mm；

水分、灰分、脂肪、蛋白质、氨基酸、脂肪酸：上述样品切取之后的剩余部分，总量应不少于300g。

1. 肉色

肉色是指猪只宰后一定时间内，离体肌肉横断面颜色的测定值或评分值。

猪肉色的评定方法有两种，一种为评分法，另一种为仪器法。评定时间为猪停止呼吸1h以内。具体内容如下。

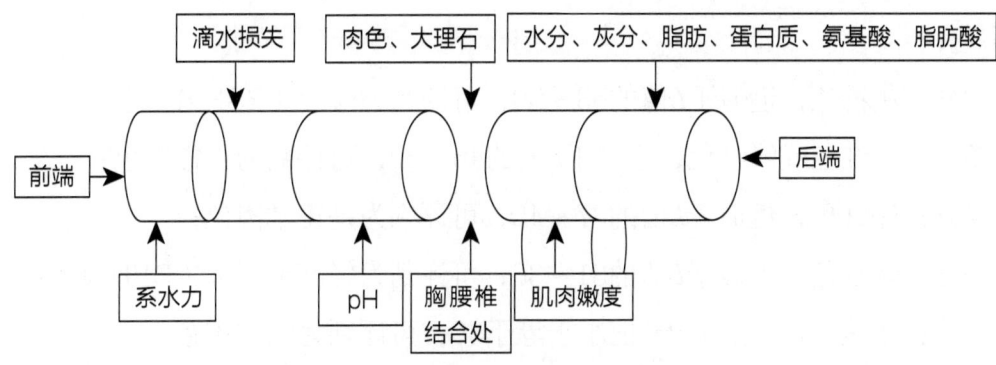

图7-1 各肉质性状测定时的取样位置

（1）评分法

① 评定条件：评定区域及其周围的所有表面应是非彩色的，以白色或浅灰色为宜。

室内光照度宜控制在1000~1500lx范围内，避免阳光直射，并排除任何干扰评定人员视觉的色彩强烈的物体和光照。

肉色评定人员应无色盲，并具有正常的色觉。

② 操作步骤：按照图7-1的规定，在指定部位切取厚肉块，逢中一分为二，置于白色瓷盘内。

采用肉色评分示意图评分时，应比照图7-2肉色评分示意图进行评分；评定时，允许评定人员移动肉片和6分制肉色评分示意图，以获得最佳的评定条件；避开强光的直射，以及有色物质和有色光源对评分工作的影响，评分工作宜在切开肉样的1h内完成。

每个样品评定2个试样，每个试样给出1个评分值，两个整数之间可增设0.5分档；评定结果用平均值表述。

③ 计算结果：按式（7-1）进行计算，计算结果保留一位小数。

$$肉色评分=(n_1+n_2)/2 \qquad (7-1)$$

式中 (n_1+n_2)——同一样品的两个试样评分值之和

2——同一样品所评定的试样个数

④ 评定结果的意义：评分值所表述的含义如下（L值表达含义见仪器法中的描述）：

1分：淡灰粉色至白色，近似于L值大于等于60，可评判为白肌肉（PSE肉）色；

2分：灰粉色，近似于L值的53~59，可评判为酸肉（RSE肉）色；

3分：亮红色或鲜红色，近似于L值的46~52，可评判为正常肉色；

4分：深红色，近似于L值的37~45，可评判为是正常肉色；

5分：紫红色，近似于L值的31~36，可评判为轻度黑干肉（DFD肉）色；

6分：暗紫红色，近似于L值小于等于30，可评判为DFD肉色。

(2)仪器法

① 操作步骤:

制备样品;

采用色差计（A光源或D_{65}光源）进行测定时,应按仪器的使用要求进行预热和校准（正）。若校准（正）值与标（检）定值不一致或不在规定的允差内,则不能使用;

将待测肉片置于仪器测量区,按仪器使用要求进行测量,记录其L值（亮度）、a值（红度）和b值（黄度）;

每个样品测定2个肉片,每个片肉测定3个不同点,用平均值表述测定结果。同一样品,2个肉片测定结果的相对偏差应小于5%,否则重新测定。

② 计算结果:按式（7-2）进行计算,计算结果保留两位小数:

$$色值=(\sum n_i/3+\sum n_j/3)/2 \quad (7-2)$$

式中 $(\sum n_i/3+\sum n_j/3)$ ——同一试样、2个不同片肉、3个不同点的测定值之和

2——同一试样所测定的肉片数量

③ 测定结果的意义:

L值所表述的含义如下:

（1）淡灰粉色至白色,1分　（2）灰粉色,2分　（3）亮红色或鲜红色,3分
（4）深红色,4分　（5）紫红色,5分　（6）暗紫红色,6分

图7-2　肉色评分示意图

L值37～52，表示肌肉的颜色正常；

L值53～59，表示肌肉的颜色为RSE肉的颜色；

L值大于或等于60，则为PSE肉的颜色；

L值31～36，表示肌肉的颜色趋近于DFD肉的颜色；

L值小于或等于30，则为DFD肉的颜色。

2. 系水力

系水力指在特定外力的作用下，离体肌肉在规定的时间内保持其内含水的能力。其中，压后肉样中的含水量占肉样中含水量的百分率，用系水力表示；压后肉样的失重占肉样重的百分率，用失水率表示。系水力测定方法如下：

（1）测定时间　猪停止呼吸后2h内。

（2）操作步骤　用无侧限压力仪测定时，应按仪器使用要求进行操作。

按照图7-1的规定，在指定部位切取约1.0cm的肉块，用直径为2.523cm取样器在中部蘸取试样。宜控制试样的大小与重量相对一致。

称量试样（精确至0.001g），记为m_1。

用纱布包好试样，上下各垫8层滤纸和1块硬质板，置于仪器加压平台上；按仪器操作加压至35kg时开始计时，保持35kg压力不变和计时准确，5分钟后撤除压力，取出试样，清除试样表层残留物，称量（精确至0.001g），记为m_2。

同一样品测定2个试样，测定结果用平均值表述。测定结果相对偏差应小于5%。

（3）计算结果

① 失水率：按式（7-3）计算试样的失水率，计算结果保留两位小数。

$$X=\frac{m_1-m_2}{m_1}\times100 \qquad (7-3)$$

式中　X——样品的失水率，%

m_1——同一试样的压前质量，g

m_2——同一试样的压后质量，g

100——单位换算系数

② 系水力：按式（7-4）计算试样的系水力，计算结果保留两位小数。

$$X = \frac{(m_1 \times W) - (m_1 - m_2)}{m_1 \times W} \times 100 \tag{7-4}$$

式中 X——样品的系水力，%

m_1——同一试样的压前质量，g

m_2——同一试样的压后质量，g

W——同一样品的水分含量，%

100——单位换算系数

（4）测定结果的含义

正常肉样，失水率的测定结果为4.0%～10.0%；

若失水率＞10.0%，判定为RSE或PSE肉；

若失水率＜4.0%，判定为DFD肉或RFN肉。

3. pH

肌肉pH指宰后一定时间内，离体肌肉酸碱度的测定值。其中，测定时间为猪停止呼吸45～60min内完成测定的，记为pH_1；0～4℃保存至停止呼吸24h±10min完成测定的，记为pH_2。测定方法有肉糜测定法和肉块测定法两种，具体如下。

（1）肉糜测定法

① 操作步骤：按照图7-1的规定，在指定部位切取后，剔除外周肌膜，切成条块状，用绞肉机绞成肉糜，分装于2个容器中（高度约占容器的2/3），整平压实至不留可见的空隙。

采用酸度计（复合电极、准确至0.01）测定时，应按仪器的使用要求，至少应使用2种（如pH=4.00和pH=7.00）pH标准缓冲液进行校准（正）；校准（正）值应与所使用pH标准溶液的标定值一致或在规定允差范围内，否则不能使用。

测定前，应测定肉样的实际温度，并按仪器使用要求进行温度补偿。

将试样置于仪器测量区，插入电极，待显示值稳定（约30秒），读取并记录之；抽出电极，用水淋洗电极后吸干；重复此操作，直至测定完毕。

每个样品测定2个试样，每个试样测定2个不同点，测定结果用平均值表述。同一样品，测定结果的相对偏应小于5%，否则应重新测定。

② 计算结果：按式（7-5）进行计算，计算结果保留两位小数。

$$pH=(\sum pH_i/2+\sum pH_j/2)/2 \quad (7-5)$$

式中　$\sum pH_i$、$\sum pH_j$——同一试样、同一容器内不同点的测量值之和

　　　2——同一试样的容器个数、同一容器内不同测量点数

③ 测定结果的含义：

正常肉样，pH_1的测定结果为5.9~6.5，pH_{24}的测定结果为5.6~6.0；

pH_1小于5.9，或pH_{24}小于5.5，则可评判为PSE肉；

pH_1大于等于6.5，或pH_{24}大于等于6.0，则可评判为DFD肉。

（2）肉块测定法

① 操作步骤：按照图7-1的规定，在指定部位切取并置于白色瓷盘内。

采用手持式酸度计（刺入式复合电极、准确至0.01pH）测定时，应按仪器使用要求，至少应使用2种（如pH=4.00和pH=7.00）pH标准缓冲溶液进行校准（正）；校准（正）值应与所使用pH标准溶液的标定值一致或在规定允差范围内，否则不能使用。

测定前，应测定肉样的实际温度，并按仪器使用要求进行温度补偿。

将电极直接插入试样的一端，待显示值稳定后，读取并记录之。抽出电极，用水淋洗电极并吸干。重复此操作，直至测定完毕。

同一试样，每端测定2个不同的点，测定结果用平均值表述。同一样品，测定结果的相对偏应小于5%，否则应重新测定。

② 计算结果：公式同肉糜测定法，进行计算，计算结果保留两位小数。

③ 测定结果的含义：同肉糜测定法。

4. 肌内脂肪

肌内脂肪指肌肉组织内的脂肪含量。测定方法如下：

（1）测定时间　肉样制备完毕后的2h以内测定为宜。

（2）样品制备　按照图7-1的规定，切取指定部位的肉样，肉样重量应大于50g。

剔除肉样外周筋膜，绞成肉糜备用。

制备的肉样宜在2h内进行测定，如不能，则应装入自封袋或密封容器内，

注明样品编号、制备时间、制备人等信息，冷冻保存。

（3）测定方法

① 索氏浸提法：称取约10g的试样（冷冻样品应解冻并再次混匀），精确至0.0001g，记为m_0；

将试样放入250mL锥形瓶中，加入2mol/L盐酸溶液120mL，搅拌均匀后，放入70~80℃水浴中，水解约1h，期间每隔15min搅拌一次；

将水解后的试样用滤纸过滤后，用70~80℃的热水少量多次冲洗锥形瓶，洗液一并过滤，直至无残留；

取出滤纸与滤渣，放入103℃±2℃干燥箱内烘1h，取出，置干燥器中冷却至室温，放入经脱脂的滤纸筒内，用脱脂棉封实；

将接收瓶放入103℃±2℃干燥箱内烘1h，取出，放入干燥器，冷却至室温，称重（精确至0.0001g），记为m_1；

采用全/半自动设备或传统的索氏浸提装置测定时，应按仪器使用要求，检查回流装置的密封性能和加热效果，并调控回流速度。抽提操作宜在通风柜内进行；

取出抽滤完毕的接收瓶，放入103℃±2℃干燥箱内烘2h，取出，置干燥器中冷却至室温，称量（精确至0.0001g），直至质量恒定（连续两次称量结果之差小于5mg），记为m_2；

同一样品测定2个平行样，用平均值表述测定结果。同一样品，两次独立测定结果的绝对差值不得超过1%，否则应重新测定。

计算结果。按式（7-6）进行计算，计算结果保留两位小数。

$$X = \frac{m_1 \times m_2}{m_0} \times 100 \qquad (7\text{-}6)$$

式中　X——样品的肌内脂肪含量，%

　　　m_0——试样的质量，g

　　　m_1——抽提前接收瓶的质量，g

　　　m_2——抽提后接收瓶的质量，g

② 快速测定法：初次使用前，应按索氏浸提法对所使用的仪器进行校准；

测定试样前，应按仪器使用要求进行仪器自检和系统自检，经预热后进行校准；

校准完毕，按仪器使用要求制备样品后进行测定，读取并记录测定结果；若样品为冷冻保存的样品，则应解冻并搅拌均匀后，按仪器使用要求进行样品制备后进行测定；

同一样品测定2个试样，用平均值表述测定结果。同一样品，两次独立测定结果的绝对差值不得超过1%，否则应重新测定。

计算结果。按式（7-7）进行计算，计算结果保留2位小数。

$$肌内脂肪含量 = (n_1+n_2)/2 \qquad (7-7)$$

式中 (n_1+n_2)——同一样品的2次独立测定结果之和

2——同一样品独立测定的试样个数

5. 肌肉嫩度

肌肉嫩度指测试仪器的刀具切断被测肉样时所用的力。测定方法如下：

（1）测定时间　肉样制备完毕后的2h以内测定为宜。

（2）样品处理

① 样品制备：按照图7-1的规定，切取指定部位的肉样，肉样长×宽×高不少于100mm×60mm×60mm的整块肉样，剔除肉表面的筋、腱、膜以及脂肪。

② 试样处理：取中心温度为0~4℃的肉样，置于恒温水浴锅中80℃加热40min后，用热电耦测温仪测量肉样中心温度，待肉样中心温达到80℃时，将肉样取出冷却至中心温度为0~4℃。用直径为1.27cm圆形取样器沿与肌纤维平行的方向钻切肉样，孔样长度不小于2.5cm，取样位置应距离样品边缘不少于5mm，两个取样的边缘间距不少于5mm，剔除有明显缺陷的孔样，测定样品的数量不少于3个。取样后应立即测定。

（3）测定

① 仪器及刀具要求：测定仪器的准确度应使用国家法定计量单位认可的标准砝码测试，测定仪器的测定值与检测标准砝码的准确值的误差范围应在±0.1%之内，测定仪器应具有校准能力。

测定仪器的最大量程应≥49N，最低作用的感应值应≤0.0098N，仪器精度应≤0.02%。

刀具规格：刀具厚度3.0mm±0.2mm，刃口内角度60°，内三角切口的高度≥35mm，砧床口宽4.0mm±0.2mm。

剪切速度1mm/s。

空载剪切力的要求 仪器空载运行时所受到的最大剪切力应≤0.147N。

② 测定：将孔样置于仪器的刀槽上，使肌纤维与刀口走向垂直，启动仪器剪切肉样，测得刀具切割这一用力过程中的最大剪切力值（峰值），为孔样剪切力的测定值。

③ 嫩度计算：记录所有的测定数据，取各个孔样剪切力的测定值的平均值扣除空载运行最大剪切力，则为肉样的嫩度值。肉样嫩度的计算公式如下：

$$X = \frac{X_1 + X_2 + X_3 + \cdots + X_n}{n} + X_0 \qquad (7-8)$$

式中 X——肉样的嫩度值，N

$X_1 \sim X_n$——有效重复孔样的最大剪切力值，N

X_0——空载运行最大剪切力，N

n——有效孔样数量

同一肉样，有效孔样的测定值允许的相对偏差应≤15%。

（二）工具与材料

市场购买的猪肉。

训练任务

（一）任务安排

分组：以学习小组的形式根据评分法测定肉色。

（二）任务要求

（1）评定区域及其周围的所有表面应是非彩色的，以白色或浅灰色为宜。

（2）室内光照度宜控制在1000~1500lx范围内，避免阳光直射，并排除任何干扰评定人员视觉的色彩强烈的物体和光照。

（3）肉色评定人员应无色盲，并具有正常的色觉。

思考与练习

肉色评定中评分法和仪器法的区别是什么？

考核评价

猪肉的品质测定学习和实操任务考核评价内容和评分标准见表7-1（以小组为单位考核）。

表7-1　猪肉的品质测定学习和实操任务考核评价表

考核项目	内容	分值	得分
技能操作 （50）	具备通过评分法进行肉色测定	10	
	了解仪器法测定肉色的方法	40	
学习成效 （25）	拓展作业	5	
	实习小结	5	
	记录表	5	
	实习总结	5	
	小组总结	5	
思想素质 （25）	安全规范生产	5	
	纪律出勤	5	
	情感态度	5	
	团结协作	5	
	创新思维（主动发现问题、解决问题）	5	
合计		100	
评价人员签字	1. 任课教师：　　　　2. 实习指导教师： 3. 专业带头人：　　　4. 园区（企业或行业）技术员：		

备注：在进入实验室后，应当遵守实验使用准则，若违反视情节和态度扣除个人成绩10~20分，小组成员同时扣除安全规范生产及团结协作成绩。

任务二　肉品屠宰后的变化及冷却保鲜

任务目标

知识目标
（1）掌握猪肉尸僵、成熟、腐败的机理。
（2）了解猪肉尸僵、成熟、腐败的特点。
（3）了解猪肉冷却保鲜的机理。

能力目标
（1）熟悉猪只屠宰后肉的变化过程以及促成熟的方法。
（2）熟悉猪肉品质的检测方法。
（3）熟悉猪肉冷却保鲜的方法。

任务准备

（一）知识要点

屠宰后的猪肉在自然状态下会发生一系列的物理化学变化，变化过程为新鲜猪肉慢慢僵硬，然后解僵软化，再到自溶，之后会滋生细菌，最后腐败变质。是一个从尸僵到成熟再到腐败的连续过程。

1. 尸僵

（1）定义　尸僵指动物胴体在屠宰后的一定时间内，肉的弹性和伸展性逐渐消失，由弛缓变为紧张，胴体变硬，呈现僵硬状态的过程。

（2）特点　僵直肉坚硬粗糙，弹性差；持水性降低；风味、适口性差。

（3）机理　肉的僵直主要是由ATP的减少和pH的下降引起的。猪只在屠宰后，糖原只能经糖酵解途径生成乳酸，使肉产生的ATP急剧下降，无法正常给肌肉提供ATP。同时，随着糖原酵解，肉的pH开始降低，一直降到糖原酵解酶的活性钝化为止，这个pH称为肉的极限pH。哺乳动物肉的极限pH因种类不同略有差异，一般在5.4～5.6。此外，高能贮存物质肌酸磷酸（CP）的供应也减少，导致肌肉内的ATP含量急剧下降。而维持肌质网微小器官机能的ATP下降使得肌质网体崩裂，终池膜的通透性因ATP水平降低和pH的下降而升高，进而使其内部保存的Ca^{2+}释放出来。肌小胞体失去钙，Ca^{2+}失控逸出而不被收回，肌浆内的Ca^{2+}浓度随之增高，活化肌球蛋白ATP酶，加快了ATP酶的减少和ATP的分解，促使Mg-ATP复合体解离，最终肌动蛋白细丝和肌球蛋白粗丝结合成肌动球蛋白，引起肌肉的收缩。这一过程与正常动物肌体的过程是相似的。但由于胴体中的ATP不能再生，使得胴体内的这一过程变得不可逆。在胴体中，因为没有足够的ATP提供能量使肌动球蛋白解离，导致胴体永久性地收缩，出现尸僵现象。

（4）尸僵过程

迟滞期：从猪屠宰后到开始出现尸僵现象为止，即肌肉弹性以非常缓慢的速度消失的阶段，称为迟滞期。

急速期：随着弹性的迅速消失到完全僵硬的阶段，称为急速期。此时肌肉的弹性消失非常迅速，在短期内达到完全僵硬的状态。

尸僵后期：最后形成延伸性非常小的特定状态到尸僵停止。到尸僵后期，肌肉的硬度可增加到原来的10～40倍，并保持较长的时间。

尸僵开始和持续的时间因动物的种类、品种、宰前状况、宰后肉的变化及不同部位而异。一般哺乳动物发生较晚，鱼类肉尸发生早；不放血致死比放血致死发生早；温度高发生得早，持续的时间短；温度低则发生得晚，持续时间长。

2. 肉的成熟

（1）定义　尸僵持续一段时间后，在没有微生物腐败的前提下，会慢慢开始缓解，这时肉的硬度降低肌肉变软，保水性有所恢复，具有良好的风味，这个变化过程即为肉的成熟。一般为了改善肉的嫩度，都需要对将屠宰后的肉在0～4℃下成熟一定的时间。

（2）机理　关于肉的成熟机理，目前仍存在争议，主要涉及四个学说：钙激活酶学说、钙学说、溶酶体学说和蛋白酶体学说。原理为肌原纤维小片化，肌动蛋白和肌球蛋白纤维之间结合变弱，结构弹性网状蛋白消失酶解、Ca^{2+}溶出，以及内源蛋白酶促使蛋白质降解。

（3）成熟肉品质变化

① 物理变化：pH变化；保水性变化；嫩度变化；风味变化。

② 化学变化：蛋白质变化；黄嘌呤核苷酸形成；肌浆蛋白溶解性变化；金属离子增加。

（4）促进肉成熟的方法

① 物理方法：

温度：（43℃时24h即完成成熟）温度高成熟快。

电刺激：可促进软化，同时防止冷收缩，促进嫩化，采用探针、电极，高电压300V以上，低电压100V以下；减少冷收缩，加快ATP降解，促进糖原分解；电刺激发生强烈收缩，肌原纤维断裂；pH下降促进酸性蛋白酶活性。

机械作用：吊挂、滚揉。

② 化学方法：

注射胰岛素（宰前）：糖原减少，则乳酸较少，pH较高，维持在6.4～6.9的水平，远离蛋白质等电点，使肉保持松软。

注射磷酸盐（宰后）：使pH保持在7左右，减少尸僵形成量。

注射钙盐（宰后）：激活内源蛋白酶，加速蛋白质降解。

③ 生物学方法：加入外源蛋白酶，加速蛋白质降解。

3. 肉的腐败

（1）肉的自溶　肉的自溶是指肉在自溶酶作用下的蛋白质分解过程。

自溶现象：肉冷藏→酸臭味→切开深层肌肉→颜色呈红褐色或绿色。

判定方法：H_2S反应阴性；氨定性反应阴性；涂片镜检无细菌。

由于在无菌状态下，组织酶作用引起肉的自身溶解现象，也称为肉的变黑。

（2）肉腐败特征　肉类腐败变质时，往往在肉的表面产生明显的感官变化。主要变化如下。

① 发黏：微生物繁殖后所形成的菌落，以及微生物分解蛋白质的产物。

② 变色：最常见的是绿色。蛋白质分解产生的硫化氢与血红蛋白结合后形成的硫化氢血红蛋白。

③ 霉斑：肉体表面有霉菌生长时，往往形成霉斑。

④ 变味：最明显的是肉类蛋白质被微生物分解产生的恶臭。

（3）肌肉的腐败　肌肉的腐败是由微生物所引起的蛋白质腐败，是一个复杂的生物化学反应过程，其变化与微生物种类、外界条件、蛋白质构成等因素有关。

（4）脂肪的腐败　脂肪的腐败主要是酸败，即脂肪经水解与氧化产生相应的分解产物。分解是在微生物或动植物组织中的解脂酶作用下使食物中的中性脂肪分解成甘油和脂肪酸。脂肪酸可进而断链而形成具有不愉快味道的酮类或酮酸，不饱和脂肪酸的不饱和键处还可形成过氧化物，脂肪酸也可分解成具有特异臭的醛类和醛酸，即所谓的"油哈"气味。

4. 检验方法

猪肉的新鲜度是对猪肉的风味、滋味、色泽、质地、口感和微生物等卫生标准的综合评价，它可以综合反映猪肉产品的营养性、安全性、嗜好性。当前，猪肉新鲜度检测主要包括感官检测、理化检测、微生物检测等。由于猪肉腐败是一个渐进而复杂的过程，若只以一个指标来进行评价是不太准确的。因此，猪肉新鲜度的评定应该综合几种检验指标共同评价。

（1）感官检验　感官检验是在实验室检测之前，利用人体的感觉器官，对猪肉进行观察来评定其新鲜度。该方法是国家认可和法定的最基本、最快速的肉品卫检方法之一，具有快速、简便、无须仪器、不用固定检验场所等优点，但存在结果非量化、缺乏精准、主观性和片面性强等问题，需要经验丰富和训练有素的人才能胜任检测工作。

（2）理化检验

① 挥发性盐基氮的测定（TVB-N法）（国标法）：挥发性盐基氮是动物性食品在腐败过程中，由于酶和细菌作用，蛋白质分解而产生的氨及胺类等碱性含氮物质，其含量与肉品腐败程度成正比，是测量新鲜度的重要指标。目前主要按照GB/T 5009.44—2003《肉与肉制品卫生标准分析方法》进行测定。

相关研究表明，该指标能客观地反映猪肉新鲜度及不同新鲜度之间的差异，且量化的结果易判断，准确度较高。所以，TVB-N是国标规定的经典检测指标，与感官检验一起作为判定猪肉新鲜度的主要指标。但此法必须在实验室进行，且操作复杂、耗时长，滴定终点判定存在主观性，不适合市场大规模检测。此外，国标中TVB-N值范围与感官指标之间存在着一定的差异。

② 显色法：

a. 氨的测定（纳氏试剂法）。该方法的原理是利用猪肉腐败的特征产物氨及胺类化合物会与纳氏试剂反应生成黄色沉淀碘化汞铵，其沉淀颜色的深浅及物含量与氨量呈正相关。我们可以通过观察试剂消耗量、颜色变化、透明度判断新鲜度。此方法结果操作简便，易观察，但临界的现象不明显，故一般作为猪肉新鲜度检测的辅助参考指标。

b. 硫化氢测定。该方法是依据腐败肉含硫氨基酸在细菌作用下分解释放出的H_2S，与醋酸铅反应产生黑色的硫化铅，通过观察醋酸铅滤纸条在被检肉三角瓶中的颜色变化来判断肉的新鲜度。

c. 过氧化物酶反应实验（联苯胺法）。该方法是通过向肉浸液中滴加联苯胺溶液和1%的H_2O_2溶液，观察其颜色变化来判定新鲜度。此法操作简单，但新鲜肉和次鲜肉的反应分界不明显，不够准确。

d. 茚三酮显色法。研究表明，腐败肉中的氨和氨基酸与茚三酮会生成蓝紫色化合物，且腐败越重，反应颜色越深，故可用来判定猪肉新鲜度，具有简便快速、结果明显等特点。

e. TTC显色法（氯化三苯基四氮唑法）。猪肉腐败产生的酶使TTC试剂还原成红色化合物，根据颜色变化来判定猪肉新鲜度，简便快速，结果易观察，判定较准确，适合现场快速检验。

（3）微生物学检测　微生物学检验是利用微生物数量来说明猪肉的污染状况及腐败变质程度。常用的方法有细菌总数和大肠菌群的测定。但此法需要选择培养，耗时长，受季节影响较大。

（4）新型检测方法　近年来，在各种理化检测已发展较成熟的基础上，人们开始向检测手段多样化、无损化、简捷化、智能化方向发展。经过科研人员的努力探索，现已发现许多新的检测方法。

① 电位传感器法：电位传感器法是利用仪器模仿人的感官系统，避免人主观因素的影响，如气体传感器模仿人的嗅觉系统。样品散发出的气体与传感器接

触，使其导电性能发生变化，用导电性能变化的大小与被测气体的种类、浓度之间的相互关系来评定猪肉新鲜度。

② 智能检测法：随着科学技术的发展，猪肉新鲜度检测方法也越来越智能化。郭培源等（2010）建立了一套基于电子信息、光电检测、图像处理技术、神经网络模式识别技术的智能检测辨识系统评价新鲜度，较传统方法快速、有效、准确。

a. 神经网络检测。该法利用传感器、气体检测、数字图像处理技术等获取肉品图像、颜色值、单位面积中完整的脂肪细胞数，借助信息处理技术将多个特征量融合，通过人工神经网络技术将上述特征量与TVB-N值拟合映射，建立猪肉新鲜度智能辨识系统，从而快速有效的判断新鲜度。此法技术含量高，要获得多个特征量，需要的多个测定仪器和计算机等设备。

b. 细菌菌斑变化检测。猪肉在腐败过程中细菌含量逐渐增加，传统细菌总数方法是统计细菌菌落点数，由于每个标本的菌落形状和分布各异，大、小斑点被算作一样的斑点，影响结果的准确性。而计算菌斑面积则可以避免上述局限，以菌斑面积与培养基面积的比值作为特征量分析，避免了因培养基大小带来的误差。

c. 直方图变换检测。猪肉腐败过程中色泽不断变化，肉的色泽变化可通过其灰度值来反映，经过数字图像线性变换及采用微分梯度方法的图像锐化增强处理，可直接检测到猪肉脂肪变质过程。

③ 快检仪：为了现场快速检测猪肉新鲜度，发展小型检验设备是目前的一个趋势。邓材研制的便携式定氮器，可用于现场对TVB-N进行测定，效率提高了一倍。根据电导原理研制的肉类"多功能数字检测仪"，可将探针插入肌肉中，快速检测肉品新鲜度，适合基层推广使用。

④ 近红外光谱法：该方法根据猪肉腐败过程中物质成分发生变化，导致吸收系数、散射系数的改变来检测猪肉新鲜度。单此法对不同部位新鲜与次鲜度的判定阈值还有待探究，且近红外模型的检验范围、预测精度及稳定性还有待进一步提高。

⑤ 流动注射-化学发光法：流动注射-化学发光法检测不同新鲜度冷却肉生物胺的含量，同时与TVB-N值、细菌总数、腐胺与尸胺的含量比较，得到回归

方程和很高的相关系数，此法能快速评价猪肉新鲜度，操作简单，灵敏度高。

（5）其他方法

① pH法：猪肉pH变化与腐败程度存在一定相关性，常用比色法和酸度计法测定，但烦琐费时，临界pH变化幅度很小，且受宰前生理影响较大，结果不准确。故不宜用作猪肉新鲜度主要检验指标。

② 电导率法：猪肉在腐败过程中由于酶和微生物作用产生大量导电物质，导电性明显增加。此法与TVB-N法等有良好的相关性，快捷简便、无须试剂，可同时进行大批样品的检测。但因不同食品成分结构不同，电导率可能不同。

③ 碘吸收判定法：腐败变质的肉浸液中氨基酸NH_2和硫化氢等细菌产物逐渐增加，吸收碘的能力增大。但用此法受饲养条件、个体差异、检测环境等因素的影响较大。

④ 组织结构镜检法：猪肉腐败时肌纤维结构发生变化，变化程度与腐败程度相关，可利用光电显微技术来检测。但冻肉、病肉、注水肉等组织结构也会发生变化，影响镜检判断，故此法不作为判定新鲜度的唯一指标。

5. 冷却保鲜

屠宰后的猪肉必须要经过处理才能长期保存。一般我们会将新鲜猪肉经过处理变为冷却肉以便存储和运输。冷却肉是指对严格执行检疫制度屠宰后的畜禽胴体迅速进行冷却处理，使胴体温度（以后腿中心为测量点）在24h降为0~4℃，并在后续的加工、流通、零售过程中始终保持0~4℃的生鲜肉。冷却肉因为经历了僵直硬化、解僵软化和成熟的全过程，肉的鲜味、滋味、气味和嫩度都增加，肉质得到改善。因此冷却肉保质期较长，肉质鲜美，是一种可供食用的优质肉。而冷却肉在销售时其货期和保质期主要取决于初始菌数和保鲜处理方式。因此，降低冷却肉初始菌数和抑制残留微生物的生长繁殖是延长冷却肉保质期的根本问题。本任务主要介绍几种冷却肉的保鲜方法，以供大家学习。

（1）有机酸及其盐处理　有机酸的抑菌作用主要是因为其酸分子能透过细胞膜，进入细胞内部而离解，改变细胞内的电荷分布，导致细胞代谢紊乱或死亡。特别是低分子量有机酸在6℃以下对革兰氏阳性和阴性菌均有效。目前常用的酸有乙酸、辛酸、甲酸、丙酸、乳酸、柠檬酸、抗坏血酸、山梨酸及其钾盐、酒石酚磷酸盐。抗坏血酸自身氧化消耗食品和环境的氧使食品的氧化还原电位下降到还原的范畴，并且减少不良氧化物的产生。山梨酸分子能与微生物细胞酶系统中的巯基结合，从而达到抑制微生物生长和防腐的目的。实验表明，这些酸单独使用或配合使用，不仅可延长肉的保鲜期，又可在人体内正常地参与新陈代谢，对人体有利无害。

（2）天然抗菌防腐剂　天然抗菌防腐剂按其来源可分为微生物源抗菌防腐剂、植物源抗菌防腐剂和动物源抗菌防腐剂。

① 微生物源抗菌防腐剂：包括乳酸链球菌肽和乳酸菌发酵液等。乳酸链球菌肽在肉品保鲜中的重要价值在于它对能产生内生孢子的主要腐败微生物（梭菌和芽孢杆菌）的有效抑制作用。有研究表明，乳酸链球菌肽与EDTA二钠联合使用对沙门氏菌和其他革兰阴性菌也有抑制作用。乳酸菌是我国目前唯一批准使用的天然防腐剂，它具有潜在地抑制致病菌和腐败菌生长繁殖的作用，这一特性可用来提高食品的卫生质量和延长肉品的货架期。当前国内外保鲜剂开发的方向是多种防腐剂混合形成复合保鲜剂，而利用微生物源抗菌防腐剂既能扩大原单一保鲜剂的作用范围，还能降低单一保鲜剂的作用剂量。

② 植物源抗菌防腐剂：包括生姜、大蒜、丁香、桂皮、迷迭香和茶多酚等，它们的特点是毒性低、来源丰富和价格低廉，其中许多香辛料中均含有杀菌、抑菌成分，提取后作为天然保鲜剂，既安全又卫生，大蒜中含有抗菌成分蒜辣素和蒜氨酸，肉豆蔻中含有肉豆蔻挥发油，肉桂中所含的挥发油以及丁香中所含的丁香油等，均具有良好的杀菌、抗菌作用。绿茶叶中含有抗氧化活性物质多酚类酚衍生物。付丽等将不同浓度的生姜乙醇提取物溶液喷涂于猪肉表面，结果表明浓度为0.08克/毫升其抗氧化效果最佳，与维生素C、维生素混合物的协同抗氧化作用明显。

③ 动物源抗菌防腐剂：包括壳聚糖、蜂胶和溶菌酶等。研究证明，壳聚糖醋酸溶液对肠杆菌科抑菌作用最强，对乳酸杆菌和葡萄球菌也有一定的抑菌效果，同时对冷却肉贮存过程中的脂肪氧化也有明显的延缓作用。蜂胶具有很强的抗菌作用，对多种细菌、真菌和某些病毒、原生虫均有较强的抑制和杀灭力，对某些细菌外毒素有中和作用，蜂胶还具有抗氧化作用和成膜的特点，对人体无毒

无害，蜂胶的最低抑菌浓度（MIC）是10mg/mL。

（3）辐射保藏　　辐射保藏是利用放射线照射肉品、杀死肉品表面和内部的微生物，从而达到延长保存时间的目的。利用放射线杀菌来的食品是安全、卫生和美味可口的。紫外线是波长介于可见光与X射线之间的一种电磁波，对微生物有致死作用，其中以254nm致死效果最强。紫外线杀菌相对于其他防腐剂的优势在于：紫外线杀菌后无残留，不影响食品的温度和湿度，以及经济效益较高。

（4）超高压技术　　超高压食品加工技术是指利用100MPa以上压力，在常温或较低的温度下，使食品中的酶、蛋白质、核糖核酸和淀粉等生物大分子改变活性、变性或糊化，同时杀死微生物达到灭菌保鲜，而食品的天然味道、风味和营养价值不受或很少受影响，低能耗、高效率、无毒素产生的一种加工方法。日本在超高压食品加工方面居于国际领先地位，并且已拥有大量的食品超高压处理实验机械和生产设备。

6. 包装技术

（1）气调包装　　气调包装是在包装中放入鲜肉，抽掉空气，用选择好的气体代替包装内的气体环境，以抑制微生物的生长，从而延长鲜肉的货架期。常采用的气体有O_2、N_2，和CO，其中O_2能维持氧合肌红蛋白，使肉色鲜艳，并能抑制厌氧细菌的生长，但也为许多有害菌创造了良好的环境。N是一种惰性填充气体，作为填充物对肉的氧化腐败、霉菌生长和虫害有一定的抑制作用，不影响肉的色泽，防止由于CO大量溶于肉中而导致的包装坍塌。CO能抑制细菌和真菌的生长，尤其是细菌繁殖的早期，但对酵母菌的抑制作用不大，对乳酸菌等厌氧菌无抑制作用。

（2）真空包装　　真空包装采用非透气性材料，通过将包装内的空气抽出降低氧含量，保持肉中的肌红蛋白处于还原状态的淡紫色，阻止肉品与外界接触而造成污染，使产品卫生得到保证。高阻隔性膜阻止肉表面因脱水而造成的重量损失，抑制好氧性细菌的生长繁殖，相对延长了肉的货架期。国外的鲜肉真空包装形式有3种，采用真空包装冷却肉在0～4℃条件下货架期可达21d。具体操作如将分割的牛肉和猪肉块用收缩薄膜的包装袋包装，然后抽真空并热封封口，再用热水使包装袋收缩；采用热成型真空包装机和高阻隔性塑料薄膜包装，单块牛肉或猪肉放入热成型的塑料盒内，然后加盖膜抽真空热封。真空贴体包装在欧洲得到广泛应用。目前国内有研究用真空包装与保鲜剂复合使用，使充分发挥各自优势，有良好的保鲜效果。

（3）冷却气调包装　冷却气调包装由CATRON包装机、聚乙烯吸收式膜、CO_2气性包装袋和盒子衬套组成。包装系统可自动检控包装时间、真空度、气体体积、密封时间和自动显示故障。冷却气调包装可明显延长冷却肉的贮藏期，已成功地应用于牛肉、猪肉、鸡肉、羊肉的贮藏保鲜和运输过程。

（4）托盘包装　托盘包装是超市冷柜中冷却肉最常用的销售形式。一般冷却肉在工厂经真空包装，到超市销售前再临时打开真空包装袋，切分后用泡沫聚苯乙烯托盘包装，上面用聚氯乙烯（PVC）或聚乙烯（PE）覆盖，这种形式包装的冷却肉，其色泽为氧合肌红蛋白的鲜红色，在冷柜中冷却肉的货架期为1～3d。国外采用母子袋包装，即零售肉块先用透氧性小的膜包装，然后把4～6个小包装放入一阻隔性非常强的多层复合膜（母袋）中，将母袋中空气抽出，真空包装或充入理想的气体（一般为100% CO₂气体），零售时打开母袋，氧气透过子袋，子袋内冷却肉在30min内即可恢复鲜红色。母子袋包装的优点是到超市后只打开外袋，不需再进行切分、包装，简便省力，避免了二次污染，但包装膜用量大，成本高。

（二）工具与材料

猪肉、香辛料。

📋 训练任务

（一）任务安排

分组：以学习小组的形式测定是否涂抹香辛料对猪肉品质的影响。

（二）任务要求

在使用香辛料时，应将对比样品尽可能涂满，防止细菌滋生。

思考与练习

除香辛料具有防腐功能外,是否还有其他防腐剂?

考核评价

肉品屠宰后的变化及冷却保鲜学习和实操任务考核评价内容和评分标准见表7-2(以小组为单位考核)。

表7-2　肉品屠宰后的变化及冷却保鲜学习和实操任务考核评价表

考核项目	内容	分值	得分
技能操作（50）	具备使用防腐剂让肉延长保存时间	10	
	了解使用香辛料延长肉保存时间的原理	40	
学习成效（25）	拓展作业	5	
	实习小结	5	
	记录表	5	
	实习总结	5	
	小组总结	5	
思想素质（25）	安全规范生产	5	
	纪律出勤	5	
	情感态度	5	
	团结协作	5	
	创新思维（主动发现问题、解决问题）	5	
合计		100	
评价人员签字	1. 任课教师：　　　　2. 实习指导教师： 3. 专业带头人：　　　4. 园区（企业或行业）技术员：		

备注：在进入实验室后,应当遵守实验使用准则,若违反视情节和态度扣除个人成绩10~20分,小组成员同时扣除安全规范生产及团结协作成绩。

任务三　发展生态安全猪肉的措施

📋 任务目标

知识目标
（1）了解生态猪肉的来源。
（2）了解生态猪肉的肉质检测要求。
（3）了解生态猪肉的销售渠道。

能力目标
（1）熟悉生态猪肉的判断标准。
（2）熟悉生态猪肉的销售渠道。

📋 任务准备

（一）知识要点

生态养猪技术，又称"发酵床养猪""生物环保养猪""零排放养猪"等，是一项新型的养猪技术，具有环保、安全、高效的特点。生态猪养殖所应用的技术涉及范围非常广，包含了养殖环境的卫生管理、饲喂管理、饮水管理、疾病防控等。这些技术的应用对于生态猪的生长和最终生态猪肉的品质会产生较大的影响。所以在选择生态猪肉时，一定要注意其养殖是否为生态养殖。

1. 猪肉来源

（1）生态猪肉　生态猪肉一般是指绿色的、无污染的、不吃任何饲料的猪肉。其最重要的特点是生态性、绿色性和安全性。在选择生态猪肉时，要以国家认证的无公害生猪产地作为一个重要标准进行选择。

（2）生态猪肉的选择

① 生态猪生产场的选择：安全猪肉的生产首先有良好的生产条件，并且采

取相应的生产标准规程及措施体系，且全面禁用抗生素和激素类药物作为肉猪饲料添加剂。生产厂家必须满足以下生产模式。

a. 适宜的优质高产的肉猪品种。优良的猪种是现代化高效益养猪的前提和核心。要遵循生长快、肉质好、瘦肉多、耗料少、产仔率高、抗逆性强的原则来选择肉猪品种及配套系。目前比较好的猪种主要有长白猪、大白猪、杜洛克猪、皮特兰猪、汉普夏猪及其杂交种，比较好的配套系主要有PIC配套系、中育配套系和深农配套系。

b. 安全环保型绿色饲料。

c. 严格筛选饲料原料。要求生产基地生态环境优良，水质未被污染，远离工矿，大气不被化工厂污染，收购时严格检测农药残留、重金属及霍菌毒素含量等。

d. 建立科学饲料配方。营养配比合理，并注意添加合成氨基酸，降低饲料蛋白质水平，以符合肉猪营养需要，减少养分排泄，降低成本。

e. 饲料加工、贮存和包装运输过程中严禁污染。料中严禁添加激素、抗生素、兽药等添加剂，并严格各项生产工艺操作规程，严格控制饲料营养与卫生品质，确保生产出安全、环保型绿色饲料。

f. 建立无公害的兽医卫生体系。使用环保型消毒剂，不用毒性驱杀虫剂、灭菌剂、防腐剂；药品及添加剂应从正规厂家或经销商购入，并严格执行《国家饲料和饲料添加剂管理条例及其实施细则》；兽用生物制品购入、保存和使用，必须符合《国家兽用生物制品的管理办法》；利于消毒隔离的统一，场区房舍建设以及生物安全措施和卫生防疫制度的统一。

g. 建立规范的饲养管理操作规程。安全猪肉生产应以加强饲养管理为主，改善猪舍内的环境；根据猪不同生长发育阶段，提供舒适的生长环境，重视疾病预防与治疗工作，减少和杜绝猪病的发以减少用药；保证水源充足、水质良好；提供干燥、温暖、无贼风的舒适环境；提供新鲜、优质、无霉变的饲料；保证舍内良好的空气质量，充分做好通风管理，并实行全进全出的管理制度。

② 生态猪屠宰场的选择：屠宰场是猪只变成肉食品的中转站，也是保证猪肉品质的质检地。在进行猪只屠宰时，一定要选择规模化的屠宰场，这有利于猪

肉品质的保证。选择屠宰场时，要确保其具有以下十项管理制度：

屠宰场场长岗位工作职责；屠宰工岗位职责；肉品品质检验员工作职责；屠宰场食品安全工作制度；生猪进场验收制度；生猪肉品销售管理制度；猪肉质量安全追溯制度；不合格肉品召回制度；屠宰场卫生消毒工作制度；屠宰场证章管理制度。

（3）生态猪肉的安全生产指标

① 微生物：在猪肉安全生产中，微生物安全是其中的关键。猪舍的环境以及猪体表的菌落可能导致猪只患病，若微生物能得到很好的控制，那么患病率就会下降，进而抗生素等药物的使用就会得到控制。所以微生物安全是安全生产的源头。

a. 微生物来源。微生物无处不在，猪在饲养过程中会以多种方式与环境接触导致微生物污染，其途径主要有以下几方面。

土壤：土壤的条件非常适合微生物的生长及繁殖。因为土壤中含大量碳源和氮源，可被微生物利用，还含有大量的钾、钙、硫、磷、镁等矿物质；其温度、保水性、通气性及酸碱度都比较适合微生物的生长与繁殖，不同的土壤中微生物种类和数量也有很大的不同，肥沃的土壤更适宜微生物的生长和繁殖。

空气：空气不是微生物生长繁殖的场所，是由于空气中没有供给微生物生长繁殖的营养物质和充足的水分，而且来自日光的紫外线照射也会杀死微生物。但是空气中确实存在微生物，它们悬浮于大气中或者附着在扬起的尘埃、液滴上。它们可能来自土壤、水、人和动植物的排泄物等。空气中的微生物种类主要是霉菌、放线菌、细菌和酵母菌，其数量和种类和所处环境有很大关系。

水：各种水域中都生存着与环境相适应的微生物。不同水域中的有机物和无机物种类以及含量不同，温度、酸碱度、含盐量、含氧量及不同深度光照强度等也存在着差异，所以不同水域微生物的种类以及数量也会明显不同。一般水里的微生物的种类与数量取决于有机物的含量，有机物越多，微生物也就越多。

猪本身：大量的微生物会存在于生猪的体表、消化道、上呼吸道等器官中，如果体表污染了粪便，微生物数量则会更多。若生猪在宰前被致病微生物感染，那么器官和组织的内部就可能存在大量的致病微生物。此外，鼠、蚊、蝇和蟑螂等动物，饲养人员以及所用饲料也都是微生物的携带者。微生物可能会引起猪的各种疾病，在饲养过程中对微生物进行控制可以减小猪的患病率，增强安全性，提高经济效益。

b. 指示菌。

菌落总数：菌落总数是指将检样处理后，在特定条件（如需氧情况、营养状况、pH，培养温度以及培养时间等）下培养后，所得1mL检样中形成菌落的总数。菌落总数反映了生产过程中总体的卫生状况。

大肠菌群：大肠菌群主要来源于人和动物的粪便，是非常常见的粪便指示菌。大肠菌群可以作为是否已被肠道致病菌污染以及标志污染程度的指示菌。若检出的大肠菌群超出了国家标准，说明被粪便污染严重且其中可能存在肠道致病菌，存在的大肠菌群数越多，受粪便污染的程度越大，也就是被肠道致病菌污染的可能性越大。故以大肠菌群作为粪便污染的指标评价卫生质量，有着广泛的卫生学意义。

金黄色葡萄球菌：金黄色葡萄球菌是自然环境中非常常见的病原菌，它广泛的分布于人和哺乳动物的皮肤以及鼻黏膜中，引起皮肤的感染从而发生化脓性疾病。

② 抗生素：抗生素是由微生物（包括细菌、真菌、放线菌属）或高等动植物在生活过程中所产生的具有抗病原体或其他活性的一类次级代谢产物，能干扰其他生活细胞发育功能的化学物质。自从青霉素问世以来，抗生素在常见细菌性疾病的治疗中发挥了重要的作用，使很多感染性疾病死亡率大幅度下降。因此，抗生素成为临床上最常用的一类药物。但是抗生素的不合理使用，可引起毒性反应、过敏反应、二重感染及细菌耐药性等不良反应甚至造成更为严重的危害。其中对抗生素会造成不良后果的意识淡薄是造成畜禽养殖中抗生素滥用最大的问题。

③ 激素：激素在畜牧生产上应用的问题越来越为人们所重视。科学试验和生产实践都表明，应用各种激素制剂可以提高猪肉的瘦肉比例，使猪增重快、饲料效率高，并可生产出更多的猪肉。然而，长期摄入该类药物会导致消费者内分泌紊乱和性早熟，大大增加致癌、致畸的风险。欧共体自1989年1月1日起，无

论天然的激素，还是合成型的激素都禁止使用。我国也于1988年6月发布的《兽药管理条例实施细则》中规定不得"添加激素类药品"。

2. 肉质检测

（1）生态猪肉质检测

① 营养价值检测：

a. 蛋白质。肌肉中的蛋白质可粗略的划分为可溶于水或稀盐溶液的蛋白质（肌浆蛋白），可溶于浓盐溶液的蛋白质（肌纤维蛋白）及不溶于浓盐溶液，至少在低温条件下不溶的蛋白质（结缔组织蛋白及其他结构蛋白）。检测方法为凯氏定氮法。

b. 脂肪。在猪肉的生产过程中，肌内脂肪因为和肉质的嫩度以及多汁性相关，是一个重要指标。由于肌内脂肪的增加能改善猪肉的嫩度，对口感也有一定影响。检测方法为索氏抽提法。

此外，脂肪酸也是一项检验猪肉品质的重要指标。猪宰后不久，肉中的脂肪开始氧化，脂肪中的不饱和脂肪酸会导致脂肪氧化。在甘油三酯中，不饱和脂肪酸和饱和脂肪酸的比例是6∶4，肌细胞膜与亚细胞膜的磷脂中也富含多不饱和脂肪酸。不饱和脂肪酸非常容易被氧化从而被破坏，损害细胞的完整性，继而导致细胞内容物的渗出，这样会对肉质产生许多不良影响，包括肌肉保水力的降低，滴水损失的增加，肉多汁性的降低，肉色加深，不良气味和滋味的产生等。

c. 糖原。糖原分子是葡萄糖分子通过糖苷键连接而成的高分子聚合物，是动物体内主要的能量来源。动物宰后，生命过程终止，血液流动停止，体内呈现出无氧的环境，这时肌肉内的糖原在糖原酵解酶系的作用下，先水解成葡萄糖，最终分解为乳酸，从而引起pH的下降，随着pH的下降，糖原酵解酶活性降低，糖原酵解速率下降时，糖原则不再被酵解。

检测糖原的方法主要有酶解分析法、邻甲苯胺比色法、碘盐显色法以及蒽酮比色法等。酶解分析法相对而言最准确，但是价格昂贵、费时费力；而邻甲苯胺比色法和碘盐显色法测量速度较快，但是准确度很差。以上两种方法在国外使用较多，但是在国内使用很少。在这几种方法中，蒽酮比色法在国内使用较多，主要是因为其测量较快、较准确且操作简单、成本低廉。

d. 矿物质。矿物质主要指无机盐类，含量约占1.5%。它们在肉中有的以单独的游离态存在，有的以糖蛋白和酯结合的方式存在，其含量与肉质息息相关。

铁：肉是膳食中铁的良好来源。铁是肌红蛋白和血红蛋白的重要组成成分，而且还存在于各种细胞色素、过氧化氢酶及多种氧化酶中，它对肉色的形成具有决定性的作用。它同时又是机体抗氧化体系中过氧化氢酶的辅助因子，对于防止脂类的氧化、保持猪肉的风味具有重要的作用。尤其是肝、肾和脾中的铁较高达15～30mg/100g。

锌：肉也是锌的理想来源。锌是皮肤、骨骼以及毛发正常发育所必需的物质，它还是与消化和呼吸有关的几种重要的酶系统的组成成分，参与机体内重要的功能与代谢，与人的生长发育、创伤愈合和味觉的敏感有关。瘦肉中锌的含量较高。

其他：肉中钙的含量较低，而钾和钠则几乎全部存在于机体的软组织和体液中，钾主要存在于细胞内，钠主要存在于细胞外。死亡后，两者则较均匀地分布在细胞内外。肉中还含有微量的锰、镍、铜、铅、锌等矿物质。

② 加工特性检测：肉色、pH、嫩度、系水力等。具体见本模块任务一。

（2）生态猪肉与家猪肉的区别　生态猪肉质鲜美，营养丰富，是一种高档优质肉。与家猪相比，生态猪肉肉质鲜嫩香醇、香味浓郁、肥肉率高，蛋白质含量高，以粗蛋白为主，热量高，脂肪含量低，特别是生态猪肉以瘦肉为主，胆固醇含量比家猪低，并含有多种微量元素和17种氨基酸，人体所需的亚油酸含量高于家猪，是一种优质肉。

此外，生态猪肉香味浓郁，营养成分齐全，有强体、滋补作用。生态猪保持了原有的外观体型和抗病力强、耐粗饲、合群性强的特性，饲养过程也避免了人工饲料添加剂、催长剂等，无激素，无药物，是"菜篮子"中的"放心肉"和"绿色肉"。

3. 销售渠道及模式

消费者在选择购买猪肉时会考虑的诸多因素，如经销商店的地理位置、产品服务、产品产地、广告、品牌知名度、人员推销、产品质量、产品味道、产品价格、折扣优惠等方面。所以在销售时一定要做好前期准备，销售方式要多样化，产品也要多元化。除鲜猪肉外，还可以销售冻猪肉以及加工产品（腊肉、香肠、肉罐头等）。

（1）实体店及超市销售　生态猪肉为高档肉食品，而高档猪肉的供应和销售，一般以大城市中高收入的理性消费人群为目标客户，利用在大城市这部分客户人数多，以超市、专卖店为主要购买场所的特点，进行市场细分、设计产品线，实施基于差异化的集中产品市场战略。

（2）网络销售　随着网络的普及，线上销售成为了一个重要的销售渠道，猪肉的销售也是如此。在销售猪肉时，投资者可以选择与各种生鲜平台进行合作，通过平台的运营模式，将自己的猪肉发送到全国各地，非常便利。但要注意选择大型的和有质量保证的生鲜品牌平台，保证在物流上不会对自己的猪肉品质造成破坏。

（二）工具与材料

生态猪肉、普通猪肉。

训练任务

（一）任务安排

分组：以学习小组的形式通过外观鉴定法评定生态生猪猪肉与普通猪肉的区别。

（二）任务要求

在鉴定两种不同猪肉品质时，应仔细对两种猪肉的区别。

思考与练习

两种不同的猪肉除外观上存在区别外，还存在什么差异？

考核评价

发展生态安全猪肉的措施学习和实操任务考核评价内容和评分标准见表7-3（以小组为单位考核）。

表7-3 发展生态安全猪肉的措施学习和实操任务考核评价表

考核项目	内容	分值	得分
技能操作（50）	具备鉴别生态生猪猪肉和普通猪肉的能力	10	
	了解两种不同的猪肉口感、蛋白质含量、糖原、脂肪及矿物质的区别	40	
学习成效（25）	拓展作业	5	
	实习小结	5	
	记录表	5	
	实习总结	5	
	小组总结	5	
思想素质（25）	安全规范生产	5	
	纪律出勤	5	
	情感态度	5	
	团结协作	5	
	创新思维（主动发现问题、解决问题）	5	
合计		100	
评价人员签字	1. 任课教师： 2. 实习指导教师： 3. 专业带头人： 4. 园区（企业或行业）技术员：		

备注：在进入实验室后，应当遵守实验使用准则，若违反视情节和态度扣除个人成绩10～20分，小组成员同时扣除安全规范生产及团结协作成绩。

小 结

一、知识框架

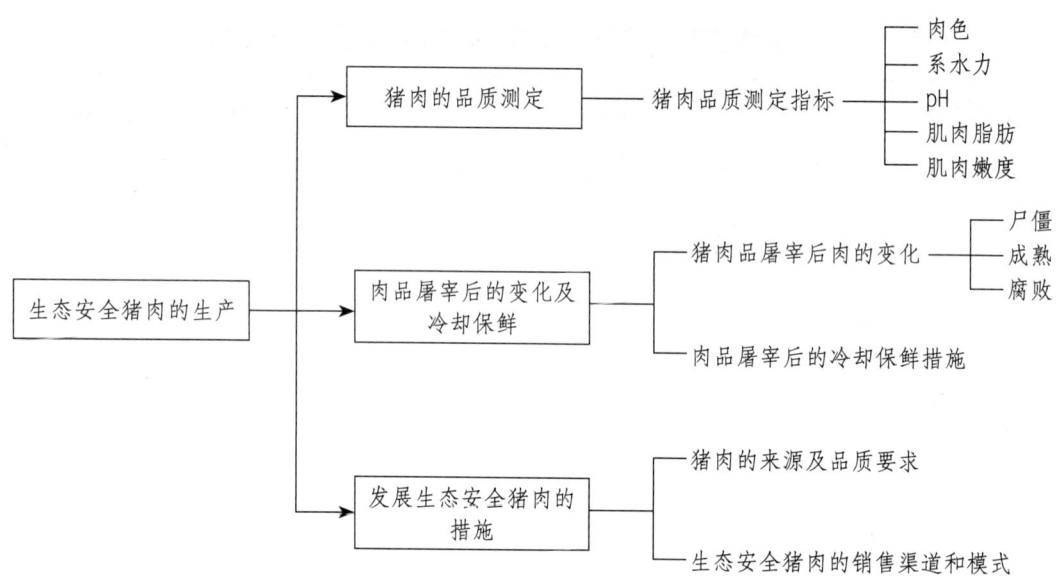

二、综合测试

（一）名词解释

肉色、系水力、pH、肌内脂肪、肌肉嫩度、尸僵、肉的成熟、自溶。

（二）填空题

1．猪肉色的评定方法有两种，一种为_____，另一种为_____。

2．测定指标有很多，包括肉色、_____、_____、滴水损失、pH、_____、水分、粗脂肪、粗蛋白、氨基酸、脂肪酸等。

3．猪肉的品质测定一般是在猪停止呼吸_____min以内。

4．肉质测定的取样部位为左半胴体_____，由_____前端向后延伸至腰椎，取样的重量应大于_____kg。

5．由于在无菌状态下，组织酶作用引起肉的_____现象，也叫肉的_____。

（三）简述题

1．简述生态猪肉品质肉色、系水力、pH、肌内脂肪及肌肉嫩度的测定方法。

2．简述肉品屠宰后的变化。

3．简述生态养猪冷却保鲜方法。

4．简述生态猪肉的销售渠道。

参考文献

[1] National Pork Produces Council (NPPC). Pork composition and quality assessment procedures. Des Moines, IA, USA: NPPC, 2000.

[2] 郭培源,毕松,袁芳. 猪肉新鲜度智能检测分级系统研究[J]. 食品科学, 2010, 31(15): 68-72.